ÉTUDE

DE LA TENUE DES LIVRES

EN PARTIE DOUBLE.

Amiens. — Imprimerie de T. JEUNET, impasse des Cordeliers, 3.

A. LEROI,

ANCIEN MAITRE DE PENSION, PROFESSEUR DE LETTRES, DE SCIENCES ET DE COMPTABILITÉ, AUTEUR DE PLUSIEURS OUVRAGES CLASSIQUES, ARBITRE-EXPERT PRÈS LE TRIBUNAL CIVIL ET LE TRIBUNAL DE COMMERCE D'AMIENS.

ÉTUDE ÉLÉMENTAIRE,

ANALYTIQUE ET MÉTHODIQUE, — THÉORIQUE ET PRATIQUE,

LA PLUS SIMPLE, ET POURTANT COMPLÈTE EN SON OBJET,

DU SYSTÊME RÉELLEMENT RATIONNEL DE LA COMPTABILITÉ,

APPLIQUÉ A

LA TENUE DES LIVRES

DES ÉCRITURES COMMRECIALES

EN PARTIE DOUBLE,

SUR UN PLAN TOUT A FAIT NOUVEAU,

A L'USAGE DU COMMERCE ET DES ÉCOLES;

OUVRAGE DESTINÉ

AUX BIBLIOTHÈQUES COMMUNALES,

DÉDIÉ A

M. J. CORNUAU,

CONSEILLER D'ÉTAT, PRÉFET DE LA SOMME,
COMMANDEUR DE L'ORDRE IMPÉRIAL DE LA LÉGION-D'HONNEUR.

> La méthode de la Tenue des Livres en partie double, par suite de son importance et à cause de son utilité, est tellement naturelle, entendue comme elle doit l'être en Comptabilité, qu'elle n'a pas été inventée, mais qu'elle s'est trouvée d'elle-même.

AMIENS,

CHEZ L'AUTEUR, RUE CAUMARTIN, 29.

1862.

AVANTAGES A RETIRER DE CE LIVRE.

Cet ouvrage se recommande au public,

Au point de vue de l'Enseignement,

En ce qu'il prépare directement à la connaissance de la Comptabilité en général ;

Qu'il comporte une étude des Faits commerciaux et des Écritures, qu'aucun autre ouvrage jusqu'ici n'a encore offerte à ceux qui s'en occupent, et qui permet d'apprendre seul la Tenue des Livres ;

Et que l'ancienne méthode, encore en usage de nos jours, devient, avec la notion de celle-ci, tout aussi intelligible qu'elle :

Et relativement à l'emploi,

En ce que ce système, plus simple, ménage sur le dernier le tiers du temps au moins, sans exagération, quoique aussi complet à tous égards ;

Qu'il procure au Commerçant la facilité d'obtenir en quelques minutes la situation des Comptes généraux de sa Maison et de son Capital ;

Qu'il présente la Balance et le Contrôle constants des Écritures, — qui se trouvent dès lors justifiables à tout instant d'examen, — de telle sorte qu'aucune erreur ne puisse passer inaperçue, en ce qu'elles s'offrent sur-le-champ à l'attention, sans peine ni recherches, quand il s'en produit ;

Et que les Comptes divers des particuliers, se rencontrant enfin dégagés de tous les termes des éléments généraux, — ce qui d'ailleurs conduit à la confusion pour certains, — sont, par cela aussi, ramenés à l'état naturel des rapports des intéressés entre eux.

NOTA. L'Auteur recevra avec reconnaissance les observations qui auraient pour objet d'ajouter quelque mérite de plus à son Livre, et c'est avec plaisir qu'il donnera tous les renseignements qui lui seraient demandés au sujet de l'Étude de la Comptabilité.

A MONSIEUR J. CORNUAU,

CONSEILLER D'ÉTAT, PRÉFET DE LA SOMME,
COMMANDEUR DE L'ORDRE IMPÉRIAL DE LA LÉGION-D'HONNEUR.

MONSIEUR,

La faute de ne point se rendre suffisamment compte de ses opérations, est une cause fréquente de chute et de ruine pour le Commerçant.

Les connaissances qu'il faut acquérir pour l'éviter, comme l'usage qu'il faut en faire, sont également importantes pour l'Industriel, le Négociant et le Marchand, l'Agriculteur et le Cultivateur, l'Employé des ateliers, pour la plupart, sinon pour tous.

Puis, on ne saurait trop s'empresser d'inculquer les Principes de l'ordre dans l'esprit des jeunes gens : car bientôt ils acquièrent de leur propre individualité comme du dehors, par l'exemple, des idées de prodigalité personnelle qui les entraînent follement, dépourvus qu'ils sont d'expérience, et auxquelles ils s'habituent presque toujours sans retour, parce qu'il faut combattre pour se soustraire à leur influence dès qu'elles ont pris racine ; et il est trop tard de parler aux intéressés de choses qui sont appelées à leur servir de guide dans l'avenir au même titre que les préceptes ineffaçables de l'Éducation première, quand elles sont devenues seulement pour eux des faits de l'histoire humaine, dont ils ne tirent plus guère parti alors que s'il leur semble bon d'en user.

Un Enseignement intelligent de Comptabilité, — ayant pour objet de préparer la place à toute donnée et de placer chacune d'elles en son lieu, par l'exposé comme par le raisonnement, — établi sur le plan d'une Méthode sûre, où tout s'ordonne, s'analyse et se conclut sans peine, — mis à la portée de toutes les intelligences, — est un bon moyen sans doute de produire la lumière au-devant des pas de tous : — afin que le Commerçant et l'Industriel aventureux, plus éclairés désormais, laissent moins souvent à déplorer la perte de leur fortune, tombant dans le gouffre pour ainsi dire à leur insu, avec le prix de leur labeur et de leurs soins constants, par des calculs mal entendus ; — et que la jeunesse prévenue à temps encore apprenne, sur l'image de la régularité des faits développés dans ces leçons, d'après lesquelles chaque élément s'utilise et se compte, à se limiter dans ses goûts de profusion et de dépenses inconsidérées.

Telle fut ma pensée en donnant naissance à cet ouvrage.

Mais le Gouvernement de Sa Majesté l'Empereur, si glorieux à tant de titres, dans des faits éclatants qui étonneront encore l'avenir, comme dans les choses utiles dont les bienfaits resteront à la postérité, a conçu, par l'effet de sa sollicitude paternelle pour la nation, l'heureux projet de doter les communes de Bibliothèques, au moyen desquelles la richesse de l'Instruction pût se répandre jusqu'au foyer de la cabane, pour que tous fussent appelés à prendre part à la moisson abondante qui se recueille du progrès qu'on voit s'accroître en toutes choses de jour en jour, par l'initiative toute protectrice et toute puissante du Chef auguste de l'État lui-même.

A cette occasion, pénétré des caractères sérieux d'utilité que fait présager cet ouvrage de Comptabilité, je formai le dessein de l'offrir, avec la circonspection la plus respectueuse, à son Excellence Monsieur le Ministre de l'Instruction publique et des Cultes, mais sous l'espoir flatteur qu'on ne saurait le trouver déplacé dans la collection des Livres à admettre pour fonder les Bibliothèques dont il s'agit.

Haut fonctionnaire de l'État, et mandataire du Gouvernement en ce qui touche à ses vues profondes sur les destinées de la patrie, comme administrateur bienveillant et généreux, vous-même, Monsieur, que nous nous honorons tous du fond du cœur de posséder parmi nous comme chef à la tête de notre département, vous avez daigné accueillir ma demande, et, sur l'exposé compris de mon ouvrage, vous avez bien voulu le recommander auprès de Son Excellence, Monsieur le Ministre de l'Instruction publique et des Cultes.

Cependant, Monsieur, délaissé aujourd'hui à l'abandon de ma propre impuissance, à peu près inconnu ou ignoré que je me trouve dans le monde, loin d'arriver à la fin que je me suis promise, sans le secours de votre bienveillance qu'il est si désirable de voir se renouveler pour moi, cet ouvrage, malgré ses qualités, si j'ose me prévaloir qu'il en possède, est condamné par avance à l'oubli et à la stérilité, comme la plante languissante à l'ombre, qui ne rapporte ni fleurs ni fruits, parce qu'elle n'a point sa part de soleil.

Donnez-lui donc la vie, en le mettant à couvert sous l'égide de votre nom.

C'est ainsi que je me permets de vous demander avec prière d'en accepter la Dédicace, persuadé que je suis que ceux à qui il rendra service vous en conserveront une sensible reconnaissance, et que cette grâce, que je recevrai de votre part, me portera bonheur.

J'ai l'honneur d'être avec le plus profond respect,

Monsieur,

Votre très-humble serviteur,

LEROI.

DIVISION DE L'OUVRAGE.

1° LES ACTES ET TITRES DU COMMERÇANT,

Qu'il est indispensable de connaître :

Les uns, en ce qu'ils sont d'un usage fréquent ;

Les autres, comme documents qui entrent en compte.

2° LES CALCULS COMMERCIAUX,

D'une importance absolue pour se rendre raison de ses opérations.

3° LES PRINCIPES DE LA COMPTABILITÉ,

Qui sont la clef du mécanisme de la Comptabilité, des Faits commerciaux, du Passage des Ecritures et de la Balance des Comptes.

4° L'ÉTUDE DES FAITS COMMERCIAUX,

Exposée sur 83 situations diverses, tant simples que composées, analysées dans leurs éléments, et où se trouvent à peu près expliqués tous les caractères de Comptabilité qui se peuvent rencontrer dans les opérations.

5° LE MODÈLE DU BROUILLARD,

Ou mise en Comptabilité particulière des Faits développés, sur Contrôle avec les Livres du Mouvement et Balance à nouveau.

6° LE MODÈLE DU JOURNAL,

Ou mise en Comptes généraux de tous les articles du Brouillard, sur Contrôle des Comptes généraux entre eux et de ses données palpables avec le Brouillard et Balance à nouveau.

7° LE MODÈLE DU GRAND-LIVRE,

Où se trouvent distinctement détaillés les Comptes des particuliers, sur Contrôle de l'ensemble avec le compte Divers du Journal, et Balance à nouveau de chacun d'eux.

8° LES LIVRES AUXILIAIRES,

Qui comportent dans tous leurs développements :

D'abord, les Livres du Mouvement d'Entrée et de Sortie de toutes sortes ;

Puis, les Livres de la Régularisation des situations, comprenant les Intérêts par comptes et les Inventaires ;

Et enfin, les Livres accessoires, de Copie de Lettres et de Répertoires.

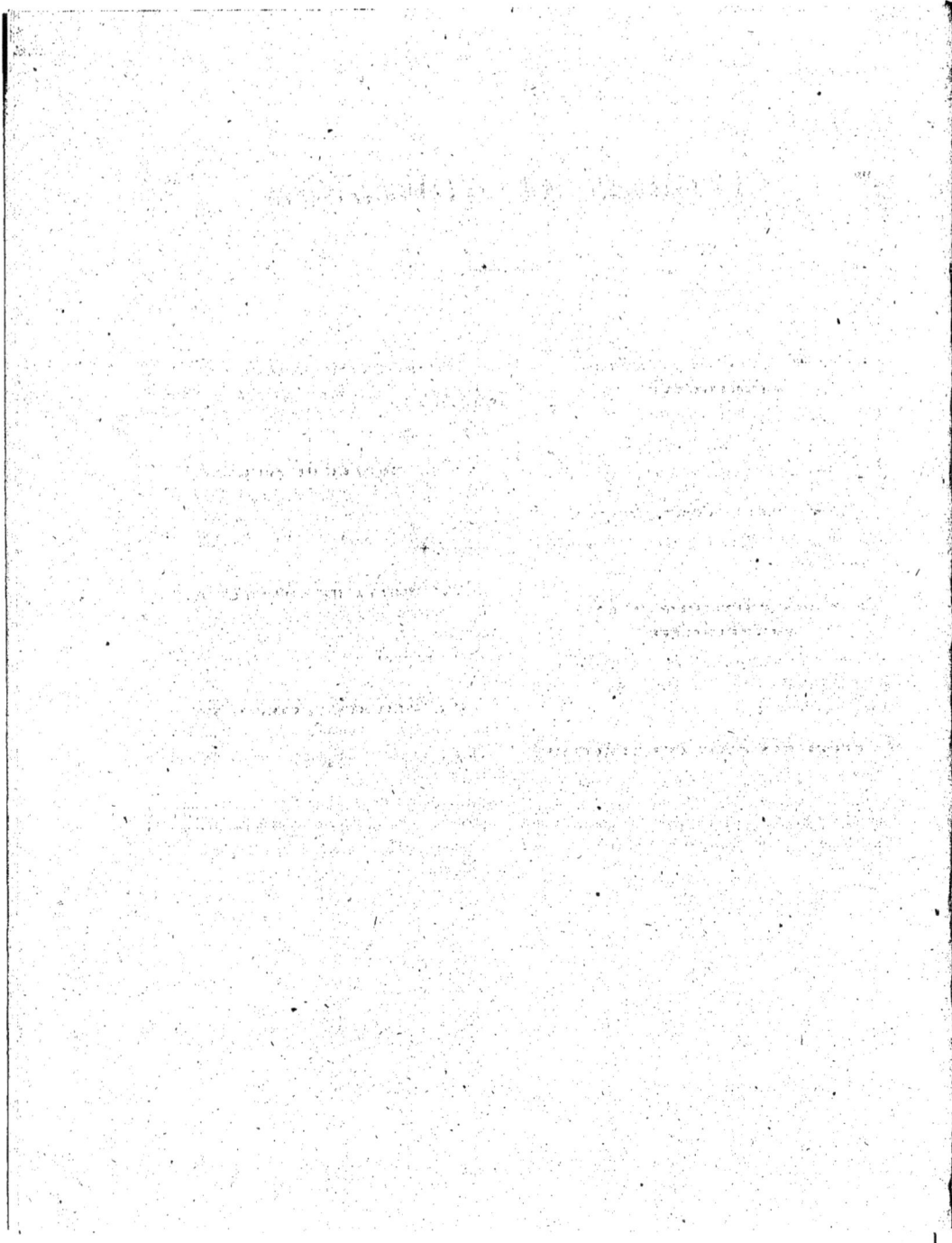

I.

ACTES ET TITRES.

OBJET.

1. Les Actes et les Titres, en ce qui regarde spécialement le Commerçant, s'étendent aux Actes de Location et de Société, aux Lettres d'Expédition, aux Obligations en général, aux Quittances particulières et aux Titres par Compte.

SOMMAIRE.

1. Actes du Commerçant. — 2. Lettres d'Expédition. — 3. Obligations. — 4. Quittances. — 5 Titres par Compte.

I. — ACTES DU COMMERÇANT.

2. CONSIDÉRATIONS.

CARACTÈRES.

On entend en général par Actes, des écrits qui comportent l'engagement de satisfaire à une convention, ou le désistement à un droit acquis.

Une somme d'argent vous est due, contre laquelle le débiteur vous remet un billet à ordre de l'importance de la dette; c'est un engagement qu'il prend par cet acte de vous solder à une époque fixée.

Vous acquittez, au contraire, une somme que vous devez, le reçu qui vous est délivré est un acte de désistement de la part du créancier à la dette que vous aviez contractée.

Il est, pour ainsi dire, autant de sortes d'actes que de situations particulières, qui se présentent entre les individus.

CONDITIONS ESSENTIELLES.

Les données essentielles sans lesquelles un acte est nul et de nul effet, sont :

1° La date, ou la place du fait dans les époques, au défaut de laquelle l'objet en serait rémissible à l'infini;

2° Les noms des contractants et leurs qualités parfaitement spécifiés, sans quoi on ne saurait déterminer qui l'acte concerne;

3° L'objet dont il est question dans la convention, afin qu'un fait ne puisse être confondu avec un autre fait;

4° Les conditions rigoureusement définies du fait dont il s'agit, pour en limiter l'étendue;

5° La mention d'autant d'originaux de l'acte qu'il est d'intéressés, de manière à ce qu'on ne puisse soupçonner qu'il a été obtenu par la violence ou la supercherie.

DIVISION.

Les principaux actes, comme tels, qui soient généralement utiles au Commerçant, sont les Baux de Location, les États de lieu des objets loués, d'un usage fort commun, et particulièrement les Actes de Société et de Dissolution de Société.

3. BAIL SOUS SEING PRIVÉ D'UNE MAISON.

CARACTÈRES ET CONDITIONS.

Quand vous louez une habitation, vous la faites d'après certaines conditions; de là naît la nécessité d'un Bail entre le propriétaire et le locataire, qui sauvegarde les intérêts des deux.

Sont à considérer, à ce sujet, l'importance de l'objet loué, et l'état dans lequel il se trouve, la durée de la location consentie et acceptée, le prix de la location et la date des payements à effectuer.

Viennent ensuite les autres conditions, quand il y a lieu.

MODÈLE.

Les soussignés,

Jean-François CHAMPFLEURY, Propriétaire, demeurant à Caen (Calvados),

D'une part;

Et Florentin FLAMANT, Négociant en étoffes, et Mme Valentine Valmont, son épouse, qu'il autorise à cet effet par le présent, demeurant à Sains (Somme),

D'autre part;

Ont fait et arrêté ce qui suit :

M. CHAMPFLEURY loue, par les présentes, pour neuf années entières et consécutives, qui commenceront à courir le premier Janvier prochain, pour finir à pareil jour en l'année mil huit cent soixante et onze;

A M. et à Mme FLAMANT, preneurs solidaires, qui acceptent, Une Maison sise à Caen, rue des Bons-Hommes, n° . . . , laquelle Maison se compose de . . . .

. . . . (*Mettre ici le détail des pièces qu'elle comprend.*)

Ainsi que cette maison existe, s'étend et comporte, avec toutes ses dépendances, sans aucune exception ni réserve (*ou dans le cas contraire exposer les servitudes dont elle pourrait être grevée*), les preneurs déclarant la connaître suffisamment et l'avoir visitée :

Pour M. et Mme Flamant en jouir, comme locataires, pendant le temps ci-dessus fixé, aux charges et conditions suivantes, qu'ils s'obligent solidairement entre eux d'exécuter ponctuellement, sous peine de résiliation du présent et de tous dommages-intérêts, s'il y a lieu : —

1° De garnir et de tenir garnie la dite maison de meubles meublants et objets mobiliers (ou marchandises) en quantité et en qualité suffisantes pour répondre en tout temps d'au moins. . . . . . année de loyer;

2° De l'entretenir en bon état de réparations locatives, pour la rendre dans les mêmes conditions à la fin du Bail, conformément à l'État des lieux, que dresseront à leurs frais, dans la huitaine qui suivra leur entrée en jouissance, des Experts pris au choix des deux;

3° D'acquitter les contributions personnelle et mobilière, et de satisfaire à toutes les charges de Ville et de Police auxquelles les locataires sont ordinairement tenus;

4° De souffrir toutes les grosses réparations qui seront faites à la maison pendant le cours du Bail, la durée des travaux excédât-elle même quarante jours, sans pouvoir prétendre à aucune indemnité ni diminution du loyer ci-après stipulé;

5° De ne pouvoir céder leur droit au présent Bail, en tout ou partie, ni même sous-louer partiellement, sans le consentement exprès et par écrit du Bailleur.

2

Il demeure de plus convenu, comme conditions essentielles du présent :

Que M. et Mme Flamant accepteront, pour le laps de temps restant à parfaire, la location verbale effectuée pour six mois, qui ont commencé le premier octobre dernier, de l'appartement occupé en ce moment par M. Vincent Quentin dans ladite maison, sauf par eux à toucher la somme de cent-vingt francs, importance du second trimestre dû par ce dernier, et à lui donner congé pour le premier Avril prochain et l'expulser à cette époque, s'ils le jugent à propos, mais à leurs frais :

Et que le présent Bail sera résilié de plein droit, en cas de vente de la dite maison, mais alors seulement . . . mois après que le Bailleur aura donné connaissance de cette vente aux preneurs, même par une simple lettre dont il sera accusé réception :

En outre, le Bail est consenti moyennant un loyer annuel de trois mille francs, que les époux Flamant s'obligent, sous ladite solidarité, de payer en bonnes espèces d'or ou d'argent et non autrement, par quart, d'année en année, à partir dudit jour, premier Janvier prochain, pour le paiement du premier terme dudit loyer (ou sept cent cinquante francs) être effectué le deuxième le premier Avril prochain ; le premier Juillet suivant ; le troisième, le premier Octobre de la même année, et le quatrième, le premier Janvier mil huit cent soixante-trois, et ainsi continuer de terme en terme et d'année par année jusqu'à la fin du Bail.

M. Champfleury reconnaît que M. et Mme Flamant lui ont à l'instant versé, à titre de garantie, la somme de quinze cents francs pour six mois d'avance du dit loyer, imputable sur les six derniers mois de jouissance du Bail dont il s'agit, pour ne pas intervertir l'ordre des paiements établis, et s'engage à leur tenir compte de l'intérêt de cette somme à raison de . . ., payable annuellement.

Les frais des présentes, et les droits et doubles droits d'enregistrement, si cette formalité devient nécessaire, seront supportés en entier par les époux Flamant.

Fait double à Caen, le dix-huit Novembre, mil huit cent soixante et un.

J'approuve l'écriture ci-dessus †,   J'approuve l'écriture ci-dessus,
CHAMPFLEURY.   Fme FLAMANT, née VALMONT.

J'approuve l'écriture ci-dessus.
FLAMANT.

Observation. — Il est plusieurs variantes du temps de location, et suivant les cas, on remplacera *pour neuf années.....* par ces données : pour trois, six ou neuf années entières et consécutives, au choix respectif des parties, en s'avertissant, soit le Bailleur qui préviendra le Preneur, soit le Preneur qui préviendra le Bailleur (ou au choix exclusif du Bailleur ou du Preneur, en avertissant la partie adverse), au moins.... mois avant l'expiration des trois ou des six premières années, qui commenceront à courir le premier Janvier prochain.

4. ÉTAT DE LIEUX
ENTRE PROPRIÉTAIRE ET LOCATAIRE
(lorsque le Bail est déjà fait).

CARACTÈRES.

Une habitation qui se loue est en bon état ou non :

Si elle se trouve dans de bonnes conditions de réparations, le propriétaire est intéressé à le faire constater, pour que sa maison lui soit remise à l'expiration du Bail dans un état de location relativement aussi avantageux qu'il est possible de le désirer alors. Si, au contraire, c'est d'une habitation mal tenue qu'il s'agit, où se rencontrent des dégradations coûteuses, alors, la louant telle quelle, s'il faut rendre la maison convenablement préparée pour l'occuper, le Preneur doit prendre acte du fait, afin de n'avoir point à en subir mal à propos les conséquences à la sortie.

C'est ainsi qu'il est utile de faire un État des lieux des habitations louées.

Les Experts sont pris généralement en pareil cas parmi les entrepreneurs en bâtiments.

MODÈLE.

État des lieux d'une Maison sise à Rouen (Seine-Inférieure), rue des Clairons-Bruyants, n° . . . , louée par Louis-Ferdinand, CRAMPON, Propriétaire, demeurant à ladite ville de Rouen, à M. Clément BONTEMPS, Marchand de nouveautés,

† L'approbation de l'écriture doit toujours être de la main même du signataire.

demeurant à Clermont (Oise), suivant Bail sous signatures privées, fait à Clermont, en date du . . . ., enregistré à . . . . ., le . . . . ;

Reconnu et dressé par les soussignés, MM. Jean-Baptiste TARDIEU, maître Maçon, et François MAUPIN, maître Menuisier, demeurant tous deux à . . . . . , experts choisis par les parties à cet effet, conformément aux termes du Bail.

Détail.

1° Dans la cuisine :

Tout est en bon état, excepté le carrelage, qui manque au-dessous des fourneaux.

2° Dans la salle à manger :

Le plancher est brûlé sur une surface d'environ deux décimètres carrés, à l'endroit du foyer ; la serrure a besoin d'être revissée ; le papier est terni et taché aux abords de la fenêtre, etc., etc.

3° Dans la chambre à coucher :

. . . . *(Situation à émettre comme précédemment).* . . . . . .
. . . . . *(Et ainsi de suite, pièce par pièce).* . . . .

Certifié sincère et véritable par les susdits experts, en double original, à . . . . . ., le . . . ., mil huit cent soixante . . . .

J'approuve l'écriture ci-dessus,   J'approuve l'écriture ci-dessus,
TARDIEU.   MAUPIN.

5. ACTE DE SOCIÉTÉ.

CARACTÈRES.

Des individus font une entreprise en commun, à des charges individuelles déterminées, pour recueillir le bénéfice de l'opération dans un rapport consenti entre eux : il convient de dresser acte de ces conditions de leur association. Tel est l'objet de l'acte de société.

Ces sortes d'actes sont en général par trop remplis de difficultés, pour que dans la majeure partie des cas on ne doive, par sagesse, s'adresser aux hommes de loi à ce sujet.

MODÈLE.

Les soussignés,

Louis CAUMARTIN, Négociant en draps, demeurant à Orléans (Loiret),

D'une part ;

Et Honoré-Stanislas DOUTARD, Voyageur de commerce, domicilié à Caen (Calvados),

D'autre part ;

Ont fait et arrêté entre eux le Traité suivant :

ART. 1er. Il y aura Société en nom collectif entre M. Caumartin et M. Doutard, sous la raison sociale Caumartin et Doutard, pour faire en commun le Commerce de Draperie, à Laon (Aisne), dans une maison qu'ils ont louée conjointement à cet effet, rue des Coureurs, n° 35.

ART. 2. Ils apportent à la Société la somme égale de vingt mille francs chacun, pour en faire fructifier l'importance en commun. L'un d'eux, M. Caumartin, reconnaissant et acceptant devoir se charger de la direction intérieure des affaires de la maison, et l'autre, M. Doutard, des voyages qu'il sera nécessaire d'effectuer dans l'intérêt des négociations.

ART. 3. La Société est consentie pour dix années consécutives, à compter du premier Janvier prochain.

ART. 4. Les deux associés posséderont chacun le droit de se servir de la signature sociale, mais ils ne pourront en faire usage que pour les affaires de la Société.

Tout autre engagement , s'il y a lieu d'en contracter, ne sera valable qu'autant qu'il aura été signé individuellement par les deux associés.

ART. 5. Chacun d'eux habitera et vivra en dehors du siége de l'établissement à ses frais particuliers.

Mais ils partageront le bénéfice à parts égales à la fin de l'entreprise, comme produit de leurs mises de même importance et de leurs soins communs.

Les pertes, s'il y en avait, seraient supportées dans la même proportion.

ART. 6. La Société sera dissoute de plein droit par le décès de l'un ou de l'autre des deux associés ; mais alors le survivant aura la faculté de conserver l'établissement dont il s'agit pour son compte, en remboursant aux héritiers ou représentants de l'associé prédécédé ce qui leur sera acquis dans la situation après un délai de deux ans, à la charge par lui de payer les intérêts de droit à cet égard.

ART. 7. Ni l'un ni l'autre des associés n'aura la faculté de céder ses droits dans la présente Société sans le consentement de la partie adverse.

ART. 8. Arrivant la dissolution de la Société, il sera procédé à la vente de l'établissement et à la liquidation de la Société, de la manière qui sera jugée la plus avantageuse.

ART. 9 ET DERNIER. Toutes les difficultés et contestations qui pourront survenir relativement à l'exécution des présentes conditions, soit entre les associés, soit entre l'un d'eux et les héritiers et représentants de l'autre, seront soumises à la décision d'arbitres, conformément aux articles 51 et suivants du Code de Commerce.

Dont acte :

Fait double à. . . . , le. . . . , mil huit cent. . . . .

J'approuve l'écriture ci-dessus,   J'approuve l'écriture ci-dessus,

CAUMARTIN.   DOUTARD.

6. ACTE DE DISSOLUTION DE SOCIÉTÉ.

CARACTÈRE.

Des Marchands engagés conjointement dans une entreprise se veulent séparer de commun accord : acte dressé de cette résolution, la Société est dissoute.

MODÈLE.

Les soussignés,
Marie-Jacques GUILLEMAIN, Négociant, demeurant à. . . . ,
D'une part;

Et Charlemagne LESURE, aussi Négociant, demeurant à . . .
D'autre part;

Tous deux patentés conjointement pour la présente année, sous le n°. . . . ;

Ont, par les présentes, déclaré d'un commun accord consentir la résiliation pure et simple, à compter du. . . . , de la Société en nom collectif qui avait été formée entre eux, sous la raison *Guillemain et Lesure*, pour le commerce en gros et en détail des Rouenneries, Toiles, et autres articles de la même partie, aux termes d'un acte passé devant Mᵉ. . . . , notaire à. . . . , le. . . . , enregistré.

En conséquence, cette société demeure nulle et résiliée à compter du dit jour, sans qu'aucune indemnité ne soit à débourser ou à recueillir de part ni d'autre.

Les susdits intéressés reconnaissent avoir fait entre eux le partage des biens et des valeurs dépendants de la Société, au moyen de quoi ils se quittent et déchargent réciproquement de toutes choses à ce sujet.

Pour faire publier et insérer dans les journaux la présente dissolution, partout où il en sera besoin, tout pouvoir est donné au porteur de l'une des deux expéditions qui en sont faites, ou d'un extrait.

Dont acte :

Fait double à . . . . , le . . . . . . , mil huit cent . . . . .

J'approuve l'écriture ci-dessus,   J'approuve l'écriture ci-dessus,

GUILLEMAIN.   LESURE.

II. — LETTRES D'EXPÉDITION.

7. CARACTÈRES.

On fait une demande de marchandises à un négociant, sur délai de livraison assigné.

Quelles sont les garanties du négociant auprès du voiturier, lorsqu'il est dépossédé de ses marchandises, que ce dernier peut altérer de poids comme de qualité, et quand la marchandise peut être refusée, si elle n'arrive au jour donné ?

Alors il remet au conducteur une Lettre de voiture qui renferme toutes les conditions relatives à l'expédition, y compris même celle du prix de transport.

De plus, comme garantie auprès de son commettant, le négociant prévient ce correspondant demandeur par Lettre d'avis qu'il a satisfait à ses désirs, en lui annonçant l'expédition et les conditions suivant lesquelles elle est faite, et en lui remettant la facture de l'importance de l'envoi.

Tels sont les seuls moyens qu'il puisse employer par rapport à la certitude et à l'exactitude de sa livraison.

Quand il s'agit d'une expédition par mer, comme on ne peut guère prendre engagement de délai de transport, à cause des éventualités fréquentes qui se produisent dans la traversée et des mauvais temps à redouter, et que les moyens de communication ne permettent que difficilement de devancer par avis l'arrivée d'un transport, on se contente à cet égard de remettre un Connaissement au capitaine de navire.

Ainsi s'explique la nécessité de la Lettre de voiture, de la Lettre d'avis et du Connaissement.

8. LETTRE DE VOITURE.

CARACTÈRES.

La Lettre de Voiture exprime les qualités de l'expédition; c'est la garantie du négociant qui fait l'envoi, contre le voiturier.

Elle contient aussi les conditions du prix de transport; c'est la garantie du voiturier contre celui qui reçoit la marchandise.

MODÈLE.

	fr.	c.
Voiture, Fr.	»	»
Timbre, Fr.	»	75
Remboursement, Fr.	»	»
Total, Fr.	»	»

A, n° 35, de 35 kil.

— 46 — 72 »
— 57 — 43 »
_____
150 »

Paris, le . . . . . , 186 .

A la garde de Dieu, sous la conduite de . . . . , voiturier de terre, par l'entremise de M. . . . , Commissionnaire, il vous plaira recevoir

Trois Balles de laines,

marquées et numérotées comme en marge, pesant ensemble cent-cinquante kilogrammes, pour le transport desquelles vous le paierez à raison de . . . . . . les cent kilogrammes, après les avoir reçues

bien conditionnées dans le délai de . . . . . . jours, ceux de départ et d'arrivée non compris , sous peine d'encourir par lui de perdre le tiers du prix de sa voiture, — plus soixante-quinze centimes pour timbre de la présente Lettre de voiture.

J'ai l'honneur de vous saluer,

Benjamin FATIMÉ.

Monsieur,
Monsieur Léon AMYNTAS,
Maître d'hôtel du *Chapeau-Rouge*,
à DUNKERQUE (Nord).

9. LETTRE D'AVIS DE CHARGEMENT.

CARACTÈRES.

La Lettre d'avis de chargement, qui prévient le destinataire de l'envoi des marchandises expédiées, exprime la garantie de l'expéditeur contre celui-là, qui est censé les avoir reçues, s'il n'a donné avis du contraire en temps utile.

A la Lettre d'avis s'adjoint la facture de l'expédition, pour que le destinataire puisse faire la vérification de la marchandise à l'arrivée. Elle comporte en outre le mode de remboursement qui fait suite à la réception de sa marchandise.

MODÈLE.

Paris, le . . . . . . , 186 .

A Messieurs CALMONT frères, Négociants à Lille.

Messieurs,

Nous avons l'honneur de vous donner avis que, conformément à votre demande du 15 du mois dernier, nous avons chargé sur les voitures du sieur Dompierre Nicolas, voiturier à Saint-Germain près Paris, huit balles de marchandises en draps et soiries, que vous recevrez dans le délai de cinq jours.

Vous voudrez bien nous accuser réception de ces marchandises, et nous créditer à 90 jours de leur importance, d'après la facture ci-jointe que nous vous transmettons.

Agréez nos salutations respectueuses.

GRIMOALD et Cⁱᵉ.

10. CONNAISSEMENT.

CARACTÈRE.

Le connaissement comporte l'importance de l'expédition : c'est tout à la fois à l'égard les uns des autres la garantie de l'Expéditeur, du Voiturier et du Destinataire.

MODÈLE.

Je soussigné, capitaine RAMBAULT, maître après Dieu du navire l'*Aquilon*, présentement devant Marseille, dans l'attente du premier temps convenable pour me mettre en voyage sous la garde du Seigneur et poursuivre ma route jusqu'au devant de Porto-Bello des Antilles, où sera ma décharge, reconnais avoir reçu dans mon navire et sous franc tillac, de M. Abraham BERTHON, négociant à Marseille, les marchandises suivantes, ainsi désignées;

Savoir :

1° AB, n°ˢ de 1 à 150,	150 pièces de vin de Bordeaux, de 200 litres chacune, à fr. 325 l'une, ensemble fr.		48750 fr.
2° BC, n°ˢ de 1 à 60,	60 pièces de cognac, de 300 litres chacune, à fr. 310 l'une, en somme fr.		18600 fr.
3° CD, n°ˢ de 1 à 200,	200 paniers de liqueurs, de 25 bouteilles chacun, à fr. 150 l'un, en totalité fr.		30000 fr.
Total.	: 410 colis de la valeur de fr.		97350 fr.

Ou littéralement :

Quatre cent-dix colis s'élevant à l'importance de quatre vingt-dix-sept mille trois cent cinquante francs;

Le tout bien plein et bien conditionné, que je promets délivrer en même forme, sous les périls et fortune de la mer, à M. Louis SONTAG, courtier maritime assermenté près la bourse de Porto-Bello, ou à son ordre, en me payant pour mon frêt la somme de neuf mille cent soixante-quinze francs, prix convenu, comme en outre les avances, suivant les us et coutumes de la mer; et pour garantie de l'accomplissement du fait, j'ai obligé et oblige, par ce présent Connaissement, ma personne, mes biens et mon vaisseau, avec ses dépendances : en foi de quoi j'ai signé trois minutes d'une même teneur, dont après l'accomplissement de l'une d'elles, demeureront les autres de nulle valeur.

Fait à Marseille, le 12 Janvier, 1861.

RAMBAULT,
Capitaine du navire l'*Aquilon.*

III. — OBLIGATIONS.

11. CARACTÈRES.

On nomme Obligations les écrits portant valeur recouvrable d'un Débiteur à un Créancier.

L'Obligation créée par le Débiteur et transmissible par l'Endos, constitue le Billet à ordre.

La disposition formée par un Créancier sur un Débiteur est une Lettre de Change, qui s'appelle particulièrement Mandat ou Traite.

Le créateur est le Mandataire, celui qui on la remet est le Porteur, celui qui doit la solder est le Tiré.

La Lettre de Change implique l'acceptation du Débiteur.

Le Billet à ordre et la Lettre de Change sont susceptibles de négociation, par voie d'Endos.

On distingue aussi le Bon, sorte d'ordre ou d'autorisation par écrit adressé à un commettant de payer pour le compte du signataire de l'ordre écrit.

Il s'entend aussi des fournitures de toutes sortes.

Il y a encore la Reconnaissance écrite des sommes dues, simple ou solidaire, non transmissible par l'Endos.

12. BILLET A ORDRE.

CARACTÈRES.

Le Billet à ordre constitue l'obligation prise de payer une somme à échéance fixe, et négociable par l'Endos.

Il énonce : 1° sa date, 2° la somme à payer, 3° le nom de celui à l'ordre de qui il est souscrit, 4° l'époque de payement, 5° sa valeur fournie en espèces, en marchandises, en compte ou de toute autre manière.

MODÈLE.

B. P. F. 500.

Lyon, le 15 Mai, 1861.

Au premier Juin prochain, je soussigné, payerai à M. Jean-François BRANTOME, négociant à Lyon, ou à son ordre, à mon domicile, la somme de cinq cents francs, valeur reçue en marchandises.

Constantin TALMAS,
Négociant, rue de la Paix, n° 15, à Lyon.

N. B. Quand le billet n'est pas écrit de la main même du souscripteur, il faut faire précéder la signature de ces mots, en une ligne au dessus : Bon pour.... *(avec la somme en toutes lettres....)*

13. LETTRE DE CHANGE, MANDAT OU TRAITE.

CARACTÈRE.

La Lettre de Change constitue la disposition produite par un Créancier sur un Débiteur d'un lieu dans un autre, avec ou sans acceptation, négociable par l'Endos.

MODÈLE.

B. P. F. 12,000.

Bordeaux, le 25 Janvier, 1861.

A quinze jours de vue, il vous plaira payer contre ce présent Mandat, à M. Thomas BOCQUET, Négociant à Versailles, ou à son ordre, la somme de douze cents francs, valeur pour solde, suivant avis de ce jour,

de vos dévoués serviteurs,
DEMAILLY et SOMMERS.

A Monsieur,
Monsieur Luc LANDRY,
Négociant, rue du Cadran, n° 17,
à ALENÇON (Orne).

N. B. — Le domicile n'est point mentionné dans le corps du libellé de la Lettre de Change, attendu qu'il se trouve être nécessairement celui du débiteur auquel on s'adresse.

14. ACCEPTATION D'UNE LETTRE DE CHANGE.

CARACTÈRES.

L'acceptation d'une Lettre de Change la rend obligatoire par le Tiré, qu'il ait ou non provision pour l'acquitter.

La Provision consiste dans la valeur destinée au payement de la Lettre de Change à son échéance.

OBJET.

Lorsqu'un Mandat est présenté à l'acceptation, le Tiré écrit sur le mandat, soit en travers de l'écriture de l'Effet à l'encre rouge, soit autrement : — « Accepté la lettre de change « ci-dessus énoncée pour la payer à son échéance à M..... « ou à son ordre ; » — ou bien plus simplement : « Bon pour acceptation de la présente. »

« Amiens, le . . . . . , 186 .

« Firmin BLANCHARD. »

15. ENDOSSEMENT DES EFFETS.

CARACTÈRES.

L'Endossement constitue le passage de la propriété de l'Effet à un tiers, avec la garantie personnelle du dernier possesseur, qui repose sur la garantie des signataires qui précédent.

L'endossement doit être daté, exprimer la valeur fournie, et le nom de celui à l'ordre de qui il est passé.

OBJET.

Pour passer un Effet à l'ordre de quelqu'un par le possesseur, il suffit à ce dernier d'écrire au dos de l'Effet : « Passé à l'ordre « de M....., valeur reçue comptant, ou valeur en compte, « ou valeur pour solde », suivant la circonstance qui en motive l'objet, de mettre la date, puis de signer.

16. REMARQUES SUR LES EFFETS.

CARACTÈRES.

Le Billet à ordre et la Lettre de Change auxquels on n'a point satisfait à l'échéance sont protestés le lendemain, pour conserver aux signataires subséquents leurs droits actifs d'un à un sur la créance.

Si un à au besoin » est indiqué sur l'Effet, il faut s'adresser à qui l'a énoncé avant de faire le protêt.

Une signature qui est accompagnée de ces mots : « Retour sans frais, » acquiert par cela la responsabilité du fait, lorsque l'auteur de la motion satisfait à l'obligation en payant la valeur qu'elle comporte, et jouit de toutes les prérogatives qu'il consacre : en cas de protêt, la notification n'a lieu qu'à l'égard de ceux dont la signature précède.

Le Billet à ordre et la Lettre de Change doivent être faits sur papier timbré, dont l'importance se compte par cinq centimes à chaque cent francs, faute de quoi l'amende est de 6 pour 0/0 de la valeur de l'Effet.

Les nations étrangères ne sont point réglementées par la même législation que nous eu égard à ces conditions.

17. BON.

CARACTÈRE.

Le Bon est un ordre adressé à un tiers pour qu'il en solde le montant au possesseur.

MODÈLE.

M. Bernard FAMCHON,

Vous payerez à M. François BLANCHE, la somme de vingt-cinq francs, pour mon compte.

Beauvais (Oise), le. . . . . . . , 186.

G. CARTON.

18. RECONNAISSANCE.

CARACTÈRE.

La Reconnaissance est une obligation de payer une certaine somme, dont le recouvrement ne devient exigible qu'au moyen d'une nouvelle action produite par le Créancier contre le Débiteur.

Elle est simple ou solidaire.

19. RECONNAISSANCE SIMPLE.

CARACTÈRE.

La Reconnaissance simple a pour objet l'obligation d'un seul Débiteur.

MODÈLE.

Je soussigné, reconnais devoir à M. . . . . la somme de . . . pour marchandises qu'il m'a fournies, et que je m'engage à lui payer le. . . . . avec intérêts à. . . pour 0/0, à compter de ce jour, (ou sans intérêts).

Châteauroux (Indre), le. . . . . . , 186 .

J'approuve l'écriture ci-dessus,

Dominique LEROUX,

Marchand Mercier, rue de Metz, n° 36.

20. RECONNAISSANCE SOLIDAIRE.

CARACTÈRE.

La Reconnaissance solidaire est l'obligation prise par plusieurs personnes, que l'une d'elles peut être tenue seulement d'acquitter en totalité.

MODÈLE.

Les soussignés, Jacques MAINTENON, marchand Boulanger à Roisel (Somme), et Magdeleine TULLY, son épouse, qu'il autorise par le présent à cet effet, reconnaissent devoir à M. Bonaventure RAVIN, marchand Bonnetier à Reims (Aisne), la somme de cent quatre-vingts francs, prix de marchandises fournies par lui, qu'ils s'engagent solidairement à lui payer le . . . . . avec intérêts à. . . p. 0/0, à compter de ce jour, (ou sans intérêts.)

Roisel, le. . . . . . : 186 .

Par autorisation de mon mari, j'approuve l'écriture ci-dessus,

Mme MAINTENON, née TULLY.

Bon pour autorisation et validité de la présente,

MAINTENON.

IV. — QUITTANCES.

21. OBJET.

On entend par Quittance le désistement à un droit acquis.

22. QUITTANCE DE LOYER.

CARACTÈRE.

La Quittance de Loyer a lieu pour le solde d'un terme de location.

MODÈLE.

Je soussigné, Florimond CHAMPY, Propriétaire, demeurant à Paris, rue Lepelletier, n° 15, reconnais avoir reçu présentement de M. Augustin LEBOULANGER, Ciseleur, la somme de trois cents francs, pour le terme, échu le premier Avril dernier, du loyer des appartements qu'il occupe au deuxième étage de ma maison, sise à Paris, rue Montmartre, n° 27;

Dont quittance sous toutes réserves.

Fait à Paris, le 2 Mai, 1861.

CHAMPY.

23. QUITTANCE DE FERMAGE.

CARACTÈRE.

La quittance de Fermage consiste dans le paiement annuel de la location des terres.

MODÈLE.

Je soussigné, Bonaventure FRÉMONT, Négociant en laine, demeurant à Beauvais (Oise), rue du Bœuf-Rôti, n° 6, reconnais avoir reçu cejourd'hui de M. Casimir LEBRETON, Cultivateur, demeurant à Breteuil (Oise), rue du Hameau, n° 18, la somme de dix-huit cent douze francs, pour l'année de fermage, échu le premier Octobre, présent mois, des terres que je lui ai louées suivant bail, qui contient la désignation du fermage et les conditions de la location ;

Dont quittance,

Fait à Beauvais, le huit novembre, mil huit cent . . . .

FRÉMONT.

24. QUITTANCE D'UNE SOMME DUE PAR OBLIGATION.

CARACTÈRE.

Cette quittance comporte le désistement à l'obligation dont il s'agit.

MODÈLE.

Je soussigné, Lucien GONSSEAUME, Pharmacien, demeurant à Saint-Quentin (Aisne), rue Martinville, n° 60, reconnais par les présentes, que M. Adrien LAMOUROUX, Charpentier, demeurant à Louviers (Eure), rue du Pont-Bleu, n° 17, m'a payé dès avant ce jour la somme de trois mille francs, montant en principal et intérêts d'une obligation souscrite par lui à mon profit, suivant acte passé devant Me Paul Bertholin, Notaire à Saint-Quentin, rue du Soleil, n° 32, le dix-huit Juillet, mil huit cent soixante-un, enregistré au dit Saint-Quentin, le vingt-cinq Juillet courant;

Dont quittance.

Fait à Saint-Quentin, le neuf Décembre, mil huit cent soixante-un.

GONSSEAUME.

25. QUITTANCE D'ARRÉRAGES DE RENTE.

CARACTÈRE.

C'est la quittance d'un terme échu de Pension.

MODÈLE.

Je soussigné, Paul MANSART, ancien Domestique, actuellement sans profession, demeurant à Dijon (Côte-d'Or), impasse des Maçons, n° 19, reconnais que M. Martin PARMENTIER, Propriétaire, demeurant à Tonnerre (Yonne), rue des Bouteilles, n° 12, m'a présentement payé la somme de trois cent soixante francs, pour le trimestre échu le premier Février dernier, des Arrérages de la rente viagère de quinze cents francs qu'il a constituée à mon profit, suivant acte passé devant Me Joseph Crispin, notaire au dit Tonnerre, le deux Janvier mil huit cent soixante et un, enregistré le même jour ;

Dont quittance, sous toutes réserves, pour les Arrérages courants et ceux à échoir.

Fait à Tonnerre, le trois Novembre mil huit cent soixante et un.

MANSART.

V. — TITRES PAR COMPTES.

27. CARACTÈRES.

Par ces Titres, nous entendons la liste de ce qu'on a payé, dépensé ou livré pour nous, que nous devons, ou inversement ce que nous avons payé, dépensé ou livré pour autrui, qui nous est dû.

Tels sont les Factures, les Mémoires, les Bordereaux d'Escompte, l'Armement et le Désarmement d'un navire, le Compte de l'Armateur, les Comptes de vente, etc.

28. FACTURE.

CARACTÈRE.

La Facture comporte l'exposé d'une livraison faite et la valeur de son importance.

MODÈLE.

Paris, le 15 Mai, 186. . .

Doit M. Alphonse JANTY, de Lille, à Pierre LAMY, de Paris, pour livraison de ce qui suit, payable au comptant sur escompte 3 p. 0/0, savoir :

4 caisses de sucre de la Havane, blanc, 1re qualité,
PL n° 7 pesant brut — 204 kilog.

12	—	195	
19	—	202	
35	—	205	
Ensemble. . .	—	806 kilog.	

Sur lesquels sont en trop :
1° Tare sur la Caisse n° 7,
à 20 kil. p. 0/0, de 204 kil. . . 40 8
2° Tare sur les Caisses
nos 12, 19 et 35, à 25 kil.
p. 0/0, de 602 kil. 150 5
    Au total. . — 191 3
D'où il reste net . . . . . 614 à 7
à fr. 200 les 0/0 kilog. . . . . . . 1229 fr. 40
Dont est à déduire l'escompte de 3 p. 0/0 sur
fr. 1229,40 de fr. 38 88
Ce qui détermine l'importance de la facture,
devenue alors fr. 1192 52
Remise exacte à M. Janty la facture ci-dessus,
ce jourd'hui, par le soussigné,

LAMY.

29. MÉMOIRE DE CORDONNIER.

CARACTÈRE.

C'est ce qui est acquis au maître Cordonnier pour ses fournitures à l'une de ses pratiques.

MODÈLE.

Mémoire des Chaussures fournies pour le compte de M. Guillaume RHATIN, marchand Bijoutier, rue des Cloîtres, n° 72, à Amiens (Somme), à sa famille, pendant le 1er semestre de l'année 1861.

Par Antoine MOUTONNIER, Cordonnier et Bottier, rue Saint-Antoine, n° 64, au dit Amiens.

Savoir :

Pour Monsieur,
Janvier 12 — 3 paires de bottes, à double
    couture, à fr. 18 la paire,
    ensemble. . . . . . 54 fr. »
Mars   20 — 2 paires de souliers à recou-
    vrement, à fr. 10 la paire,
    ensemble. . . . . . 20 »
Mai   8 — 1 paire d'escarpins en veau
    ciré, de fr. . . . . 8 »
d°   — 1 paire de socques en cuir,
    de fr. . . . . . . 9 »
    En somme. . . . . — 91 fr. »
    À reporter. . . . 91 fr. »

26. OBSERVATION.

A toute quittance écrite par un autre que le signataire, il faut mettre de la main même de ce dernier, au-dessus de son nom : « J'approuve l'écriture ci-dessus. »

Report. . . . . 91 fr. »
Pour Madame,
Janvier 25 — 1 paire de brodequins en sa-
    tin turc, de fr. . . . 8 fr. 25
d°   — 2 paires de chaussons de
    peau de chèvre, à fr. 4
    l'une, ensemble fr. . 8 »
Mars   10 — 1 paire de socques en cuir,
    de fr. 6 30
Avril 17 — 1 paire d'escarpins, de fr. 5 75
Juin   28 — 1 paire de chaussons, en
    satin-soie, de fr. . . 6 »
    Ensemble . . . . — 34 fr. 30
Pour M. Arthur,
Avril 14 — 1 paire de souliers de chasse,
    de fr. 8 50
Mai   11 — 2 paires de brodequins en
    veau ciré, à fr. 3 50 l'une,
    ensemble, fr. . . . 7 »
Juin   9 — 1 paire de souliers lacés à
    l'anglaise, de fr. . . 6 50
    Au total . . . . — 22 fr. »
Pour Mlle Agnès,
Mars   6 — 1 paire de chaussons en satin-laine,
    de fr. . . . . 5 fr. 20
    Total. . . . 153 fr. 50

Présenté exact, le Mémoire ci-dessus, ce jourd'hui, à M. Rhatin par le soussigné.

Amiens, le 1er Juillet, 1861.

MOUTONNIER.

30. BORDEREAU D'ESCOMPTE.

CARACTÈRE.

Le Bordereau d'Escompte comporte la Liste des Effets que l'on remet au banquier contre Espèces de leur importance, commission déduite.

MODÈLE.

Saint-Lô (Manche), le 1er Mars, 1861.

Remis ce jour à M. Vincent FORTIN, Banquier rue de la Paix, n° 5, à Saint-Lô, par Gustave MASSE, Négociant, rue du Lyon, n° 21, au dit Saint-Lô, les valeurs suivantes, contre Espèces, à 7 p. 0/0 d'escompte, commission comprise :

	Échéances.	Importance des Effets.	Jours d'intérêts.	Escomptes.
1° Le billet de Raymond Bon-temps	1er Mai,	400	30	2 33
2° Celui de Charlemage Hume,	15 —	600	45	5 25
3° Le mandat sur Amand Bordeaux	20 Juin	1200	110	25 67
4° Celui sur Romuald Parquier,	—	930	110	19 89
5° Celui sur Faustin Montolon,	5 Août	460	155	12 14
Balance fr.			3524 72
		3590		3590 »

Pour présentation exacte.

MASSE.

Nota. — Quand certains Effets ne sont pas acceptés, on les déduit du Bordereau avec l'escompte qu'ils comportent.

31. ARMEMENT D'UN NAVIRE.

CARACTÈRE.

L'Armement consiste dans les dépenses à effectuer pour opérer une traversée avec un navire.

MODÈLE.

Armement du Navire à trois Mâts, le *Triton*, de 1200 tonneaux, ayant 65 mètres pour longueur de la flottaison en charge, 7,35 de creux de la cale et 12,45 pour largeur au maître ban,

Commandé par le capitaine LAFONTAN (Siméon), du port du Hâvre-de-Grâce, allant à l'île de Madagascar, pour mettre à la voile, le 24 Juillet, 1861.

Achat du navire, cloué et chevillé en cuivre, de fr. 240000
Armement du navire.

Cuivre à doublage et façon.	37900
Menuiserie et Cabanes	8500
Bois de mâture et façon	20000
Cordages	25000
Ancres, chaînes et fort d'armement	32000
	»
Total de l'Armement, fr. . . .	» »

Vivres, pendant 12 mois en mer, aller et retour,

1° Pour l'équipage :

30 hectolitres de haricots, à fr. 25 l'un, ensemble fr..	750
100 kilogrammes de morue, à fr. 32 chacun, en somme fr.	3200
3 barils de harengs, à fr. 20 l'un, ensemble fr..	60
	»
Total des vivres de l'Équipage, fr.	» »

2° Pour 20 Passagers :

Vivres secs,

25 kilogrammes de beurre, à fr. 250 les 100 kilogrammes, ensemble fr..	62 50
2 caisses de légumes assortis, à fr. 55 l'une, ensemble, fr.. . . .	100 »
20 pâtés en pots, à fr. 8 chacun, en somme fr..	160 »
	» »
Total des vivres secs des passagers, fr. . . .	» »

Vivres frais,

8 porcs vivants, à fr. 100 l'un, ensemble fr..	800 »
30 canards vivants, à fr. 2 chacun, ensemble fr..	60 »
50 poules vivantes, à fr. 1,10 l'une, ensemble fr..	55 »
	» »
Total des vivres frais des passagers , fr. . . .	» »
Total des vivres des passagers, fr.	» »
Total des vivres, fr.	» »

Cargaison en conformité des Connaissements :

280 barriques de vin de Médoc, à fr. 250 la barrique, ensemble fr.. . . .	70000
6450 mètres de Madapolam, à fr. 0 80 le mètre, ensemble fr.	5160
240 Fusils de Chasse français, à fr. 180 le fusil, ensemble fr..	43200
	»
	»
Total de la cargaison, fr. . . .	» »

Frais divers :

Charrois des vins, de fr.. . . .	575
Avances faites aux hommes de l'Équipage, de fr.	4560
Gabare en rade, de fr.. . . .	100
	» »
Total des Frais divers, fr.	» »
Total de la Dépense, fr.	» »

Observation. — Si certaines sommes portent intérêts ou sont remboursables à des époques fixées, il faut tenir compte de ces conditions au règlement.

32. DÉSARMEMENT D'UN NAVIRE.

CARACTÈRE

Le désarmement comporte les frais de retour du bâtiment.

MODÈLE.

Désarmement du Navire à trois Mâts, le *Triton*, de 12000 tonneaux, commandé par le capitaine Siméon LAFONTAN, venant de l'île de Madagascar, débarqué au port du Hâvre-de-Grâce, le . . . .

DÉPENSES ET FRAIS.

Frêt du retour du Triton, embarqué à l'île de Madagascar, en destination du Hâvre :

500 boucauts de sucre, pesant ort. 310420 kil.. net 300000 kil., ... , de fr .	»	»
400 sacs de café des îles, pesant ort . . . . . . 300000 kil.		
sur bon poids de 1 à 250, ou $\frac{30000}{250}$ = ... 120		
avec trait de 2 p 0/0, ou 300 × 2 = ... 600		
720 kil.		
ou net . . . 29280 kil.		
à fr. . . . . de fr.	» »	» »
	» »	» »
	» »	» »
Total du frêt, fr.	» »	

Frais de désarmement :

Annonces de l'arrivée, fr.	200	»
Assurances sur le corps du navire, fr . . .	7500	»
Solde de l'Équipage, fr.	25000	»
	» »	
	» »	
Total des Frais de désarmement. . .	» »	

Dépenses faites à l'occasion des Marchandises :

Permis et déclarations aux douanes, fr . . .	»	»
Droits de douane, fr.	»	»
Main-d'œuvre, fr.	»	»
	» »	
	» »	
Total des Frais de Marchandises, fr. . .	» »	» »
Total des Frais de désarmement, fr.	» »	

33. COMPTE DE L'ARMATEUR.

CARACTÈRE

C'est l'exposé de la dépense et des recettes du voyage.

MODÈLE.

Actif :			*Passif :*		
Recettes sur l'aller et retour, pour la Marchandise, fr.	»	»	Dépenses et frais d'Armement, fr. de Désarmement, fr	»	»
Pour les Voyageurs, fr.	»	»	Balance par bénéfice, fr	»	»
Total des recettes du ou voyage, fr . . .	»	»		»	»
Vente du navire armé avec tous ses agrès et apparaux, fr.	»	»		»	»

34. COMPTE DE VENTE.

CARACTÈRE

C'est le compte d'une Vente faite au loin pour autrui.

MODÈLE.

Compte de Vente de 50 sacs de Café de St-Domingue, d'envoi et pour compte de Jules MONPETIT, d'Alger, et vendus sur son ordre par Fernand QUENTIN, Armateur à Bordeaux, à Bernard GONTRAND, Négociant, rue de Tournon, n° 34 à Paris, sur escompte 3 p. 0/0; savoir :

AB,	n°ˢ de	32 à 40,	9 sacs, pesant ort.	940 k.	
C,	—	68 à 00, 1	—	72	
KN,	—	105 à 114, 10	—	1000	
AR,	—	13 à 17, 5	—	600	
ST,	—	85 à 105, 25	—	2500	
		——	50 sacs	——	5112 k.

Sur bon poids par 1 p. 250 sur 5112 ou   20
Avec tare à 4 p. 0/0 sur 5112 ou   . .   204
                                    224 k.

          Reste net. . . . .   4888 k. à fr. 225

les 0/0 kil., ensemble fr. 10998
Déduction faite :
1° De l'escompte à 3 p. 0/0 sur 10998 ou 329 94
Qui réduit l'importance de la vente due par ——
Gontrand à fr. 10668 06
2° Du magasinage de 2 p. 0/0 sur les mêmes
10998 ou fr. 219 96
Des frais de pesage, fr 78 25
Et de la commission de vente de 5 p. 0/0 sur
les mêmes encore 10998 de fr. 659 88
       En somme de frais, fr. 918 09
D'où il résulte pour produit net en faveur
de Monpetit, fr. 9709 97
Remis exact par le soussigné,

        Bordeaux, le 15 Mars, 1861.

                             QUENTIN.

II

CALCULS COMMERCIAUX.

SOMMAIRE :

1. Opérations à tant p. 0/0. — 2. Intérêts. — 3. Théorie des Intérêts par compte. — 4. Diverses questions sur les Intérêts. — 5 Intérêts composés. — 6. Escomptes. — 7. Sociétés. — 8. Alliages. — 9. Paiements à termes. — 10. Trocs. — 11. Grands Emprunts.

I. — OPÉRATIONS A TANT P. 0/0.

Elles comportent la Commission sur Opérations, le Change de place des valeurs et l'Escompte sur Vente.

1. COMMISSION SUR OPÉRATIONS.

QUESTION. — Commission à retirer par le Banquier sur la somme de fr. 1510, au taux de 4 p. 0/0.

SOLUTION. — 1510 renferme de centaines, autant de fois que 100 est contenu dans 1510, ou $\frac{1510}{100}$ = 15,10.

Donc le Banquier retirera 15 fois 10 centièmes de fois 4, ou 4 × 15, 10, = 15,10 × 4, en intervertissant l'ordre des facteurs.

PRATIQUE. — Retrancher par la virgule les deux premiers chiffres à la droite du nombre proposé, et multiplier la quantité résultante par le taux de la commission.

15,10 × 4 = 60, 40.

OBSERVATION. — Si, au lieu de 4 p. 0/0, il s'agissait de 1/4 p. 0/0, par cela on indiquerait 1/4 de l'unité à considérer sur 0/0, et par suite alors, le 1/4 de fr. 1, ou $\frac{1}{4}$ = 0,25 p. 0/0.

Et l'on obtiendrait pour fr. 1510 , 0,25 × 15,10 = 3,775. On parvient directement ainsi au résultat : il y a de centaines dans 1510 , 15,10 et le $\frac{1}{4}$ de 15,10 ou $\frac{15,10}{4}$ = 3,775.

REMARQUE. — Cette situation se reproduit pour le Change de place des valeurs et l'Escompte sur vente. — D'ailleurs les solutions sont parfaitement similaires dans les trois cas : chacun d'eux n'est traité en particulier, qu'à cause des divers caractères d'opérations qui s'offrent à l'étude.

2. CHANGE DE PLACE DES VALEURS.

QUESTION. — Déterminer le Change de place de fr. 2467, à 2 5/8 p. 0/0.

SOLUTION. — D'abord, puisque l'unité équivaut à 10 dixièmes ou 100 centièmes ou 1000 millièmes ou enfin 1,0..., 5 unités deviennent 5 fois 1,0 ou 1,00 ou 1,000 ou donc 1,0..., ce qui produit 1,0 ou 1,00 ou 1,000 ou partant 1,0... × 5 = 5,0 ou 5,00 ou 5,000 ou en général 5,0... : d'où il suit que 5/8 deviennent 5,0 ou 5,00 ou 5,000 ou en définitive 5,0... = 0,625, et que l'on obtient ainsi 2,625 pour, 2 5/8, par le changement de 5/8 en décimales.

Maintenant 2467 comporte de centaines autant que cent est contenu dans 2467, ou $\frac{2467}{100}$ = 24,67.

Donc le Change de place demandé sera de 24 fois 67 cen-

tièmes de fois 2,625 ou 2,625 × 24,67 = 24,67 × 2,625, en changeant l'ordre des facteurs.

PRATIQUE. — Retrancher par la virgule les deux premiers chiffres à la droite du nombre donné, et multiplier le résultat obtenu par le taux du change, rendu au besoin en décimales.

24,67 × 2,625 = 64, 76.

OBSERVATION. — Ce change peut s'obtenir de la manière suivante :

Le change de 2467 à 2 p. 0/0 devient 2 × 24,67 ou 24,67 × 2, en entervertissant l'ordre des facteurs, ce qui donne. . . 49,34

Maintenant, le change à 5/8 p. 0/0 se peut décomposer en deux, l'un à 4/8 et l'autre à 1/8 p. 0/0.

Celui de 4/8 p. 0/0 ou ou 1/2 p. 0/0, en divisant les deux termes de la fraction 4/8 par 4, produit de change sur 2467, la moitié de 24,67 ou $\frac{24,67}{2}$ = ... 12,335

Et celui de 1/8 de change p. 0/0 sur la même somme sera le 1/4 de celui de 4/8 et deviendra le 1/4 de 12,335 ou $\frac{12,335}{4}$ = ... 3,083

Le change de 2467 à 5/8 étant de 12,34 + 3,08 = $\frac{}{}$ 15,42

Celui à 2 p. 0/0 ayant été obtenu d'ailleurs de 49,34, il en résulte pour le change total de 2467 à 2 5/8 p. 0/0, $\frac{}{}$ 49,34 + 45,42 = ... 64,76

N. B. — Dans la pratique, lorsqu'on veut se borner à un chiffre décimal donné, pour ne point avoir une trop longue suite de chiffres à écrire, et puis à calculer, situation qui se présente fréquemment dans la complication des multiplications et des divisions, on augmente la valeur du chiffre décimal limité, si celui qui doit suivre n'est pas inférieur à 5, la compensation trouvant son compte en annulant l'effet de ceux qui n'arrivent pas à 5.

3. ESCOMPTE SUR VENTE.

QUESTION. — On a vendu pour fr. 3000 de Marchandises à 26 p. 0/0 d'escompte ; quel est cet escompte ?

SOLUTION. — Il se trouve de centaines dans 3000, autant de fois que 100 est contenu dans 3000, ou $\frac{3000}{100}$ = 30.

L'escompte demandé est donc de 30 fois 26 ou 26 × 30.

PRATIQUE. — Retrancher par la virgule les deux premiers chiffres de la droite du nombre considéré, et multiplier entre eux la somme obtenue et le taux de l'escompte.

26 × 30,00 = 780.

OBSERVATION. — L'escompte varie dans les affaires de 1 à 60 p. 0/0.

3

II. INTÉRÊTS.

Nous allons considérer les Intérêts par années, par mois, par jours, et pour un temps complexe donné.

4. INTÉRÊTS A L'ANNÉE.

QUESTION. — Quels sont les intérêts qu'on obtient de fr. 372, placés pendant 8 ans, à 4 p. 0/0 l'année?

SOLUTION. — Si fr. 100 de capital, en 1 an, produisent fr. 4 d'intérêts, c'est pour fr. 1, de capital, par an, la 100e partie de fr. 4 d'intérêts, ou $4 : 100, = \frac{4}{100}$, et pour fr. 372, de capital, dans le même temps, 372 fois $\frac{4}{100}$ d'intérêts, ou $\frac{4}{100} \times 372, = \frac{4 \times 372}{100}$, en multipliant le numérateur.

Fr. 372, de capital, placés 1 an, donnant lieu à fr. $\frac{4 \times 372}{100}$ d'intérêts, réaliseront en 8 ans, 8 fois $\frac{4 \times 372}{100}$ d'intérêts, ou $\frac{4 \times 372}{100} \times 8, = \frac{4 \times 372 \times 8}{100}$, par la multiplication du numérateur.

PRATIQUE. — Multiplier entre eux le taux des intérêts, le capital et le temps, et diviser le produit obtenu par 100; ce qui se réduit, par la division des deux termes de l'expression par 100, agissant au numérateur sur le capital, l'un des facteurs du produit qu'il compose, à séparer par la virgule les deux premiers chiffres à la droite du capital, et à le multiplier ainsi divisé, par le produit du taux par le temps.

Cela posé, $\frac{4 \times 372 \times 8}{100} = 4 \times 3,72 \times 8$, en divisant les deux termes par 100, qui devient, en changeant l'ordre des facteurs, $3,72 \times (4 \times 8$ ou $32) = 119,04$.

5. INTÉRÊTS PAR MOIS.

QUESTION. — Que rapportent fr. 3450, en 8 mois, à 5 p. 0/0 d'intérêts par an?

SOLUTION. — Si fr. 100, de capital, placés un an, rapportent fr. 5, d'intérêts, c'est pour fr. 1, de capital, par an, la 100e partie de fr. 5, d'intérêts, ou $5 : 100, = \frac{5}{100}$, et pour fr. 3450, de capital, dans le même temps, 3450 fois $\frac{5}{100}$ d'intérêts, ou $\frac{5}{100} \times 3450 = \frac{5 \times 3450}{100}$, en multipliant le numérateur.

Ainsi, $\frac{5 \times 3450}{100}$ représente les intérêts de fr. 3450, de capital, à 5 p. 0/0, pendant l'année, qui comporte 12 mois; donc les fr. 3450, de capital au même taux d'intérêts produisent, en 1 mois, la 12e partie de $\frac{5 \times 3450}{100}$ d'intérêts, ou $\frac{5 \times 3450}{100 \times 12}$, en multipliant le dénominateur, et le même capital aux mêmes intérêts, en 8 mois, 8 fois $\frac{5 \times 3450}{100 \times 12}$ d'intérêts, ou $\frac{5 \times 3450}{100 \times 12} \times 8, = \frac{5 \times 3450 \times 8}{100 \times 12}$, par la multiplication du numérateur.

PRATIQUE. — Multiplier entre eux le taux des intérêts, le capital et le temps, et diviser le résultat par le produit de 100 et 12, nombre des mois de l'année, ce qui conduit, par la division des deux termes de l'expression par 100 dans les facteurs des produits qu'ils composent, à séparer la virgule les deux premiers chiffres à la droite du capital, puis à le multiplier, ainsi divisé, par le produit du taux par le temps, et enfin à diviser ce dernier résultat par 12.

Alors, $\frac{5 \times 3450 \times 8}{100 \times 12}$ ou $\frac{5 \times 34,50 \times 8}{12}$, en divisant les deux termes par 100, devient $\frac{5 \times 34,50 \times 8}{12}$, en intervertissant l'ordre des facteurs.

De $\frac{5 \times 34,50 \times 8}{12}$, on peut obtenir plus simplement ici,

$\frac{5 \times 34,50 \times 2}{3}$, en divisant les deux termes en leurs facteurs, par 4, puis en effectuant $\frac{10 \times 34,50}{3}$, et enfin, $\frac{345}{3} = 115$.

6. INTÉRÊTS POUR UN CERTAIN NOMBRE DE JOURS.

QUESTION. — Trouver les intérêts de fr. 1800, à 3 p. 0/0 en 25 jours.

SOLUTION. — Fr. 100 de capital donnent fr. 3 d'intérêts en 1 an, c'est la 100e partie de fr. 3 d'intérêts pour fr. 1 de capital par an, ou $3 : 100, = \frac{3}{100}$, et pour fr. 1800 de capital dans le même temps, 1800 fois $\frac{3}{100}$ d'intérêts, ou $\frac{3}{100} \times 1800 = \frac{3 \times 1800}{100}$, en multipliant le numérateur.

Ainsi, $\frac{3 \times 1800}{100}$ représente les intérêts de fr. 1800, de capital, à 3 p. 0/0, pendant une année, qui comporte 365 jours; donc les fr. 1800 de capital au même taux d'intérêts produisent, en 1 jour, la 165e partie de $\frac{3 \times 1800}{100}$ d'intérêt, ou $\frac{3 \times 1800}{100} : 365$, $= \frac{3 \times 1800}{100 \times 365}$, en multipliant le dénominateur, et le même capital, aux mêmes intérêts, en 25 jours, 25 fois $\frac{3 \times 1800}{100 \times 365}$ d'intérêts, ou $\frac{3 \times 1800}{100 \times 365} \times 25, = \frac{3 \times 1800 \times 25}{100 \times 365}$, en multipliant le numérateur par 25.

PRATIQUE. — Multiplier entre eux le taux, le capital et le temps, et diviser le résultat par le produit de 100 et 365, nombre des jours de l'année, ce qui conduit, par la division des deux termes de l'expression par 100, dans les facteurs des produits qu'ils composent, à séparer la virgule les deux premiers chiffres à la droite du capital, puis à le multiplier, ainsi divisé, par le produit du taux par le temps, et à diviser ce dernier résultat par 365.

De la sorte, $\frac{3 \times 1800 \times 25}{100 \times 365}, = \frac{3 \times 18,00 \times 25}{365}$, en divisant les deux termes par 100, devient $\frac{18 \times 3 \times 25}{365}$, en intervertissant l'ordre des facteurs.

De $\frac{3 \times 18 \times 25}{365}$, on obtient $\frac{3 \times 18 \times 5}{73}$, en divisant les deux termes en leurs facteurs par 5, puis en effectuant et intervertissant l'ordre des facteurs $\frac{18 \times 15}{73}$, et enfin $\frac{270}{73} = 3,70$.

7. INTÉRÊTS POUR UN TEMPS COMPLEXE DONNÉ.

QUESTION. — Calculer les intérêts de fr. 3652, pendant 2 ans 3 mois et 14 jours, à 4 pour 0/0 l'année.

1re SOLUTION. — Fr. 3652, de capital produisent d'intérêts, —

En 2 ans, $\frac{4 \times 3652 \times 2}{100}$, (4), $= 36,52 \times 8, = \dots$ 292,16

En 3 mois, $\frac{4 \times 3652 \times 3}{100 \times 12}$, (5), $= \frac{36,52 \times 12}{12} = \dots$ 36,52

En 14 jours, $\frac{4 \times 3652 \times 14}{100 \times 365}$, (6), $= \frac{35,52 \times 56}{365} = \dots$ 5,60

D'où l'on obtient en s° $292,16 + 36,52 + 5,60 = \dots$ 334,28

N. B. — Les chiffres placés entre (et), indiquent les numéros auxquels il faut se reporter.

PRATIQUE. — Somme des résultats des opérations faites d'après les n°° (4), (5) et (6).

2e SOLUTION. — Comme l'année se compte de 365 jours, 2 ans équivalent à 2 fois 365 jours ou $365 \times 2 = 730$ »

Puis, l'année se compose de 12 mois; donc 1 mois devient la 12e partie de l'année établie de 365 jours; ou $\frac{365}{12} = 30,416 \dots$

et 3 mois, 3 fois $30,416 \dots$ ou $30,416 \times 3 = \dots$ 91 25

Le temps considéré s'adjoint en outre de jours 14

_____

833,25

Donc ce temps est en totalité de $730 + 91.25 + 14 = 835$ jours 25
Or, fr. 3652 de capital, placés à 4 p. 0/0, donnent d'intérêts, en
835, 25 jours, $\frac{4 \times 3652 \times 835.25}{100 \times 365}$ (6), $= \frac{36.52 \times 3341}{365} = 334.28$.

PRATIQUE. — Mettre le temps complexe que le capital est placé à intérêts en un seul énoncé de jours et procéder comme au n° (6).

1re *Observation.* — Les mois et les jours se peuvent rendre en fractions d'années, alors on agit après comme au n° (4).

2e *Observation.* — L'ensemble des formules obtenues (4), (5) et (6), constitue la formule générale, $\frac{i \times c \times t}{100 \times a}$, où i désigne les intérêts produits p. 0/0 ou le taux, c, le capital donné; t, le temps que le capital est placé à intérêts; et a, l'année, dans la décomposition qui s'en fait en mois et en jours.

3e *Observation.* — Quoique l'année commune se compte de 365 jours, et que les mois considérés particulièrement en comportent un dénombrement irrégulier, l'année commerciale, par rapport aux intérêts, se porte à 360 jours et les mois à 30 chacun. Peut-être est-ce un fait équitable. A cause des jours de placement et de rentrée, à considérer comme infructueux à cet égard.

Toutefois la Cour de cassation a décidé qu'il convient, dans tous les cas, de compter l'année et les mois pour ce qu'ils sont réellement.

III. — THÉORIE DES INTÉRÊTS PAR COMPTE.

8. INTÉRÊTS A 6 P. 0/0,
l'année étant prise à 360 jours.

QUESTION. — A quoi conduisent les intérêts à 6 0/0, si l'on considère l'année composée de 360 jours.

SOLUTION. — La formule générale des intérêts, $\frac{i \times c \times t}{100 \times a}$ (7), devient, dans la circonstance de l'année comptée à 360 jours, sur les intérêts pris à 6 p. 0/0, la formule particulière $\frac{6 \times c \times t}{100 \times 360}$

$= \frac{c \times t}{100 \times 60}$, en divisant les deux termes de l'expression par 6, puis enfin, $\frac{c}{100} \times t$, en décomposant les facteurs. Car $\frac{c \times t}{100 \times 60}$

$= \frac{c}{100} \times t : 60$, puisque d'une part si la quantité est multipliée par 60 en retranchant le facteur au dénominateur, on la divise d'autre part directement par 60;

Ensuite, $\frac{c}{100} \times t : 60 = \frac{c \times t}{100} : 60$, en ce que la quantité est divisée par t en supprimant ce facteur au numérateur; tandis qu'on la multiplie après par t directement;

Et enfin, $\frac{c \times t}{100} \times 60 = \frac{\frac{c \times t}{100}}{60}$, en effectuant la division.

D'où il suit, puisque la division d'un nombre entier par 100, se réduit à retrancher par la virgule les deux premiers chiffres à la droite du dividende, que l'obtention des intérêts à retirer du capital, revient à diviser par 60 le produit du capital préparé par le nombre de jours qu'il est placé à intérêts.

Observation. — Cette considération est d'un grand avantage pour le travail des Intérêts par comptes, en ce que la sommation des nombres dividendes, par le diviseur constant 60, conduit à un seul calcul de l'ensemble, et offre par cela plus d'exactitude encore.

EXEMPLES.

C.	Débit.	I.
Fr. 300, pendant 87 jours		
donnent 261,00 : 60, ou fr.		4 35
Fr. 500, pendant 40 jours		
donnent 200,00 : 60, ou fr.		3 33
Fr. 400, pendant 438 jours		
donnent 1752,00 : 60, ou fr.		29 20
	Fr. . .	36 88
Intérêts par Balance fr. . .		7 40

C'est la méthode du détail.

Or, qu'on divise la somme ou la différence de plusieurs quantités en totalité ou en partie, dans les mêmes conditions, le résultat ne sera point altéré : donc la somme des nombres du Débit, divisée par 60, diminuée de la somme des nombres du Crédit à diviser par le même diviseur, produira une quantité qui, divisée par 60, exprimera les mêmes intérêts.

C'est ce qui donne lieu à la méthode de l'ensemble, beaucoup plus simple que la première.

C.	Crédit.	I.
Fr. 800, pendant 12 jours		
donnent 96,00 : 60, ou fr.		1 66
Fr. 390, pendant 478 jours		
donnent 1673,00 : 60, ou fr.		27 88
	Balance fr.	7 40
	Fr. .	36 88

C.	Débit.	Nombres.
Fr. 300, pendant 87 jours donnent		261,00 : 60
Fr. 500, pendant 40 jours donnent		200,00 : 60
Fr. 400, pendant 438 jours donnent		1752,00 : 60
		2213,00 : 00

C.	Crédit.	Nombres.
Fr. 800, pendant 12 jours donnent		96,00 : 60
Fr. 390, pendant 478 jours donnent		1673,00 : 60
	Balance	444,00 : 60
		2213,00

Ainsi les intérêts acquis au Débit sont $444,00 : 60 = 7,40$.

9. INTÉRÊTS PARTICULIERS PAR JOURS A 6 0/0, SUR L'ANNÉE DE 360 JOURS.

QUESTION. — Comment s'obtiennent particulièrement les Intérêts pour un certain nombre de jours à 6 p. 0/0, en comptant l'année de 360 jours.

SOLUTION. — La formule $\frac{c \times t}{100 \times 60}$ obtenue (8), en décomposant 60 en ses facteurs 6×10, conduit à $\frac{c \times t}{100 \times 10 \times 6} = \frac{c}{1000} \times t$, en effectuant : il arrive de là que faisant $t = 1$, on aura pour 1 jour, $\frac{c}{1000 \times 6}$ d'intérêts, et que donc il suffira à cet égard de prendre la 6e partie de c, après l'avoir divisé par 1000, ou la 6e partie de c, ayant séparé les trois premiers chiffres à la droite de ce Capital par la virgule, puisque diviser un nombre par un produit, revient à le diviser successivement par les facteurs de ce produit.

Or, pour 2 jours, ce sera 2 fois le 6e, ou $\frac{c}{6} \times 2 = \frac{2c}{6}$, en multipliant le numérateur, qui devient $\frac{2}{3}$ en divisant les deux termes par 2, de la même partie du Capital, et pour 3 jours, 3 fois le 6e ou $\frac{c}{6} \times 3 = \frac{3c}{6}$, en multipliant le numérateur, qui donne $\frac{c}{2}$, en divisant les deux termes de l'expression par 3, et avec les sommations qu'on peut faire de ces données combinées entre elles, quand il n'y a pas lieu de les obtenir plus simplement comme les dernières et sur le même modèle, on parvient aux intérêts de tous les jours, pour tel Capital que l'on voudra.

10. TABLEAU DES INTÉRÊTS A PRENDRE PAR JOURS DANS LE COMMERCE, A 6 P. 0/0 ET 360 JOURS DANS L'ANNÉE, POUR CE QU'IL PEUT S'EN RENCONTRER DANS UN MOIS.

Pour 1 jour, prendre le 1/6 de la partie gauche du Capital, sur 3 chiffres retranchés par la virgule.

Pour 2 jours, prendre le 1/3 m. p. gauche du Capital.
— 3 — — 1/2 —
— 4 — — la somme des valeurs de 1 et 3.
— 5 — — de 2 et 3.
— 6 — — le 1/10 de la partie gauche du Capital, sur 2 chiffres retranchés par la virgule.

Pour 7 jours, prendre la somme des valeurs de 1 et 6.
— 8 — — de 2 et 6.
— 9 — — de 3 et 6.
— 10 — — le 1/6 de la partie gauche du Capital, sur 2 chiffres retranchés par la virgule.

Pour 11 jours, prendre la somme des valeurs de 1 et 10.
— 12 — — 2 et 10.
— 13 — — 3 et 10.
— 14 — — 1, 3 et 10.
— 15 — le 1/4 de la partie gauche du capital sur 2 chiffres retranchés par la virgule.
Pour 16 jours, prendre la somme des valeurs de 1 et 15.
— 17 — — 2 et 15.
— 18 — — 3 et 15.
— 19 — — 1, 3 et 15.
— 20 — le 1/3 de la partie gauche du Capital, sur 2 chiffres retranchés par la virgule.
Pour 21 jours, prendre la somme des valeurs de 1 et 20.
— 22 — — 2 et 20.
— 23 — — 3 et 20.
— 24 — — 1, 3 et 20.
— 25 — — 2, 3 et 20.
— 26 — — 6 et 20.
— 27 — — 1, 6 et 20.
— 28 — — 2, 6 et 20.
— 29 — — 3, 6 et 20.
— 30 jours ou 1 mois, prendre la 1/2 de la partie gauche du Capital, sur 2 chiffres retranchés par la virgule.

11. EXEMPLE D'APPLICATION SUR LE TABLEAU DES INTÉRÊTS A PRENDRE PAR JOURS DANS LE COMMERCE.

QUESTION. — Quels sont les intérêts de fr. 861, placés pendant 20 jours, à 6 p. 0/0, l'année étant de 360 jours.

SOLUTION. — $\frac{c \times t}{100 \times 60}$ (8), $= \frac{861 \times 20}{100 \times 60}$, en traduisant, qui devient $\frac{8,61 \times 20}{60}$, en divisant les deux termes de l'expression par 100, puis $\frac{8,61 \times 2 \times 10}{6 \times 10}$, en décomposant deux des nombres en facteurs, après $\frac{8,61 \times 2}{6}$, en divisant les deux termes par 10, enfin $\frac{8,61}{3}$, en divisant aussi les deux termes par 2, d'où s'obtiennent fr. 2,87.

PRATIQUE. — Pour 20 jours il faut prendre le 1/3 de la partie gauche du Capital, sur deux chiffres retranchés par la virgule; ce qui revient à $\frac{8,61}{3} = 2.87$.

12. DIVISEURS DANS LES INTÉRÊTS.

QUESTION. — Recherche des Diviseurs à un taux d'intérêts quelconque, composant toujours l'année de 360 jours.

SOLUTION. — Si l'on obtenait un diviseur constant pour chaque taux particulier des intérêts du Capital, le système des calculs des intérêts par compte deviendrait général.

D'ailleurs, il suffit de le déterminer pour 100, puisque tout nombre entier est l'expression d'une quantité exacte de centaines, après les deux chiffres pris à la droite du nombre, qui marquent alors les centièmes des premières, — que 100, par exemple, est à 475 comme un est à la 400e partie de 475 ou $475 : 100 = \frac{475}{100} = 4,75$, en effectuant, et qu'en définitive tout Capital devant remplacer 100 dans l'actualité, deviendra, comme 475, seulement 4,75, sans plus de difficulté.

Admettons qu'il s'agisse de trouver le diviseur de tout nombre à 5 p. 0/0.

La formule générale $\frac{c \times t \times t}{100 \times a}$ (7), devient dans ce cas $\frac{5 \times c \times t}{100 \times 360}$ et conduit à $\frac{c \times t}{100 \times 72}$, en divisant les deux termes de l'expression par 5, puis à $\frac{100 \times t}{72}$, en décomposant le produit en ses facteurs.

Cela posé, la division d'un nombre entier par 100 se résumant à retrancher par la virgule les deux premiers chiffres sur la droite du nombre proposé, les intérêts du Capital reviennent à diviser par 72 le produit du Capital ainsi préparé par le nombre de jours qu'il est concédé.

Ainsi 72, tiré de $\frac{t}{72}$, qui vient de $\frac{a}{100}$ dans l'expression $\frac{5 \times c \times t}{100 \times t}$, en divisant les deux termes de la formule par 5, est le diviseur cherché.

PRATIQUE. — Diviser le taux des intérêts et le nombre des jours de l'année par leur plus grand commun diviseur, pour conserver la valeur de la formule : le quotient de la division effectuée par le plus grand commun diviseur sur le nombre des jours de l'année, constitue le diviseur dont il s'agit.

Le plus grand commun diviseur de 5 et 360 est 5, et $\frac{360}{5} = 72$, qui est le diviseur demandé, les autres termes de la formule étant intégralement conservés.

S'il arrivait que le plus grand commun diviseur des deux n'épuisât point tous les facteurs du taux, la formule resterait évidemment augmentée, au numérateur, des facteurs non éliminés.

Observation. — On pourrait obtenir, par un raisonnement tout à fait semblable, les diviseurs pour l'année composée de 365 jours; mais il conviendrait alors, dans la pratique des opérations, de compter les mois pour ce qu'ils en comportent réellement.

13. TABLEAU DES DIVISEURS, AUX TAUX DE 1/2, 1, 1 1/2 à 10 p. 0/0, sur l'année de 360 jours.

A		A		A		A	
1/2	— 720	3	— 120	5 1/2	— 65	8	— 45
1	— 360	3 1/2	— 103	6	— 60	8 1/2	— 42
1 1/2	— 240	4	— 90	6 1/2	— 55	9	— 40
2	— 180	4 1/2	— 80	7	— 51,428 5714	9 1/2	— 38
2 1/2	— 144	5	— 72	7 1/2	— 48	10	— 36

14. INTÉRÊTS DÉTERMINÉS PAR LE MOYEN DES DIVISEURS.

QUESTION. — Quels sont les intérêts de fr. 475, pendant 4 mois et 12 jours, à 8 p. 0/0 l'année, le diviseur étant donné, pour l'année de 360 jours ?

SOLUTION. — 1 an comporte . . . . 360 jours.
4 mois de 30 jours chacun font 4 fois 30 ou 30 × 4 = 120 —
Sont à ajouter en plus . . . . 12 —

D'où le temps du Capital placé est en somme de
360 + 120 + 12 = ... 492 —

Or, la formule $\frac{c}{100} \times t$ (12) conduit ici à $\frac{4,75 \times 492}{45}$, puisque 8 d'intérêts p. 0/0 ont 45 pour diviseur.

D'ailleurs, 4,75 × 492 = 2337,30, et $\frac{2337,30}{45} = 51,933$, tels sont les intérêts demandés.

PRATIQUE. — Multiplier le Capital divisé par 100, par le nombre des jours qu'il est placé à intérêts, et diviser le produit par 45.

D'où $\frac{4,75 \times 492}{45} = 51,933$.

Observation. — Chercher les intérêts par le moyen des diviseurs n'est positivement avantageux que dans le calcul des intérêts par comptes.

IV. — DIVERSES QUESTIONS SUR LES INTÉRÊTS.

14. TROUVER LE CAPITAL, ÉTANT DONNÉ I, T ET LES INTÉRÊTS PRODUITS.

QUESTION. — Quel Capital, à 3 p. 0/0 l'an, produit fr. 400 d'intérêts en 8 mois?

SOLUTION. — Fr. 3 d'intérêts, en 12 mois, importance de l'année, sont acquis par fr. 100 de Capital; alors on obtiendra successivement que seront réalisés les intérêts par les capitaux.

Fr. 1 en 12 mois, par le 1/3 de fr. 100, ou $100 : 3 = \frac{100}{3}$.

Et fr. 1 en 1 mois, par 12 fois $\frac{100}{3}$ ou $\frac{100}{9} \times 12 = \frac{100 \times 12}{3}$, en multipliant le numérateur.

Puis fr. 400 en 1 mois, par 400 fois $\frac{100 \times 12}{3}$, ou $\frac{100 \times 12}{3} \times 400$, $= \frac{100 \times 12 \times 400}{3}$, en multipliant encore le numérateur.

Enfin fr. 400 en 8 mois, par la 3ᵉ partie de $\frac{100 \times 12 \times 400}{3}$, ou $\frac{100 \times 12 \times 400}{3} : 8, = \frac{100 \times 12 \times 400}{3 \times 8}$, en multipliant aussi le dénominateur.

PRATIQUE. — $\frac{100 \times 12 \times 400}{3 \times 8} = \frac{100 \times 4 \times 400}{8} = 100 \times 200 = 20000$, qui est le Capital demandé, en supprimant successivement 3, 4 et 2, tout à la fois multiplicateurs et diviseurs dans l'expression.

16. TROUVER LE TEMPS, ÉTANT DONNÉS *I*, *C* ET LES INTÉRÊTS PRODUITS.

QUESTION. — Combien de temps faut-il placer fr. 6000, à intérêts pour rapporter fr. 425, au taux annuel de 4 p. 0/0 ?

SOLUTION. — Fr. 100, de Capital, pour rapporter fr. 4, d'intérêts, sont placés 1 an.

Alors on obtiendra successivement le temps des Capitaux placés pour produire les intérêts :

De fr. 4, pour fr. 4, 100 fois 1 an, ou $1 \times 100 = 100$,

Et de fr. 4, pour fr. 4, la 4ᵉ partie de 100, ou $100 : 4 = \frac{100}{4}$,

Puis de fr. 6000, pour fr. 4, la 6000ᵉ partie de $\frac{100}{4}$ ou $\frac{100}{4} : 6000, = \frac{100}{4 \times 6000}$, en multipliant le dénominateur.

Enfin de fr. 6000, pour fr. 425, 425 fois $\frac{100}{4 \times 6000}$, ou $\frac{100}{4 \times 6000} \times 425, = \frac{100 \times 425}{4 \times 6000}$, en multipliant aussi le numérateur.

PRATIQUE. — De $\frac{100 \times 425}{4 \times 6000}$, par la suppression de 100 tout à la fois multiplicateur et diviseur dans l'expression, on obtient $\frac{425}{4 \times 60}$, qui devient, en effectuant, $\frac{425}{240} = 1$ an $\frac{185}{240}$.

Or, $\frac{185}{240}$ d'années, l'année comptant 12 mois, donne de mois

12 fois $\frac{185}{240}$, ou $\frac{185}{240} \times 12, = \frac{185 \times 12}{240}$, multipliant le numérateur par 12, ou $\frac{2220}{240}$, en effectuant, $= 9$ mois $\frac{6}{4}$, dernière fraction qui équivaut à $\frac{1}{4}$, en divisant les deux termes par 6 ; et ce 1/4 de mois, puisque le mois est de 30 jours, revient à 30 fois $\frac{1}{4}$, ou $\frac{1}{4} \times 30$, $\frac{30}{4}$ de jours, ou 7 jours 2/4 = 1/2, en divisant les deux termes par 2.

Ainsi le temps demandé est de 1 an 9 mois 7 jours 1/2.

17. TROUVER LE TAUX DES INTÉRÊTS, ÉTANT DONNÉS *C*, *T* ET LES INTÉRÊTS PRODUITS.

QUESTION. — A combien du 0/0 faut-il placer fr. 500, pour obtenir fr. 25, d'intérêts en 4 mois ?

SOLUTION. — Fr. 500, de Capital en 4 mois produisent fr. 25, d'intérêts.

Alors on trouvera successivement que les Capitaux s'acquièrent d'intérêts :

Fr. 1 en 4 mois, la 500ᵉ partie de 25, ou $25 : 500 = \frac{25}{500}$,

Et fr. 1, en 4 mois, le 1/4 de $\frac{25}{500}$, ou $\frac{25}{500} : 4, = \frac{25}{500 \times 4}$, en multipliant le dénominateur.

Puis fr. 100, en 1 mois, 100 fois $\frac{25}{500 \times 4}$, ou $\frac{25}{500 \times 4} \times 100$, $= \frac{25 \times 100}{500 \times 4}$, en multipliant aussi le numérateur.

Et enfin fr. 100, en 12 mois, 12 fois $\frac{25 \times 100}{500 \times 4}$, ou $\frac{25 \times 100}{500 \times 4} \times 12, = \frac{25 \times 100 \times 12}{500 \times 4}$, en multipliant encore le numérateur.

PRATIQUE. — $\frac{25 \times 100 \times 12}{500 \times 4} = 6 \times 3$ ou 15, le taux des intérêts demandés, en supprimant successivement les termes communs qui se trouvent à la fois multiplicateurs et diviseurs dans l'expression, savoir : 4 sur 4 et 12, 100 sur 100 et 500, et 5, resté de 500 sur 5 et 25.

V. — INTÉRÊTS COMPOSÉS.

18. RECHERCHE DES INTÉRÊTS COMPOSÉS.

QUESTION. — Combien produisent fr. 48000, à 5 p. 0/0, en 3 ans, sur intérêts de intérêts ?

1ʳᵉ SOLUTION. — Fr. 48000, de Capital, à 5 p. 0/0, réalisent fr. 2400, d'intérêts (4), pour la 1ʳᵉ année,

Ce qui fait en somme $48000 + 2400 = 50400$.

Maintenant, fr. 50400, de Capital, au même taux, obtiennent fr. 2520 d'intérêts (4), pour la 2ᵉ année,

Ce qui fait capital et intérêts réunis $50400 + 2520 = 52920$.

Enfin, fr. 52920, de Capital, dans les mêmes conditions, rapportent fr. 2646, d'intérêts (4), pour la 3ᵉ et dernière année.

Ce qui conduit ensemble à $52920 + 2646 = 55566$; d'où les intérêts sont de 55566, Capital et intérêts compris en un, diminués du Capital primitif 48000, ou $55566 - 48000 = 7566$.

PRATIQUE. — Faire les intérêts du Capital d'année en année.

On obtient ici pour la 1ʳᵉ année fr. 2400, d'intérêts, et le Capital de la 2ᵉ année devient $48000 + 2400 = 50400$, qui produit fr. 2520, d'intérêts, et le Capital de la 2ᵉ année se trouve être de $50400 + 2520 = 52920$, qui rapporte fr. 2646, d'intérêts, dont l'ensemble $52920 + 2646$, Capital et intérêts réunis, est de fr. 55566, et les intérêts des intérêts sont $55566 - 48000 = 7566$.

2ᵉ SOLUTION. — Fr. 100, de Capital produisent fr. 5, en 4 an. Alors, fr. 4, de Capital, rapporte la 100ᵉ partie de fr. 5, d'intérêts dans le même temps, ou $\frac{5}{100} = \frac{1}{20}$, en divisant les deux termes par 5, et devient à la fin de l'année $1 + \frac{1}{20}$,

Capital et intérêts compris, ou $\frac{21}{20}$, en rendant l'expression en un seul énoncé, des 20/20 de l'unité et de 1/20 : c'est pour la 1ʳᵉ année.

Qu'obtiendra-t-on à présent pour $\frac{21}{20}$ de Capital, en une autre année ?

Puisque fr. 1 de capital conduit à 21/20, Capital et intérêts réunis en 1 an, 21/20 de Capital produiront 21/20 de fois 21/20, ou $\frac{21}{20} \times \frac{21}{20} = \left(\frac{21}{20}\right)^2$, dans le même temps, et $\left(\frac{21}{20}\right)^2$ devient la somme du Capital et des intérêts assemblés pour la 2ᵉ année.

Enfin le Capital étant obtenu de $\left(\frac{21}{20}\right)^2$, comme fr. 1 de Capital réalise $\frac{21}{20}$, pour l'ensemble du Capital et des intérêts par an, $\left(\frac{21}{20}\right)^2$ deviendront dans le même temps $\left(\frac{21}{20}\right)^2$ de fois $\frac{21}{20}$, Capital et intérêts compris pour une nouvelle année encore, ou $\left(\frac{21}{20}\right)^2 \times \frac{21}{20} = \left(\frac{21}{20}\right)^3$, qui sera l'expression du Capital et des intérêts réunis pour la 3ᵉ et dernière année.

Ainsi, $\left(\frac{21}{20}\right)^3$ comporte le Capital et les intérêts des intérêts de l'unité confondus, pendant les trois années proposées ; donc fr. 48000, dans les mêmes conditions, conduiront à 48000, fois $\left(\frac{21}{20}\right)^3$, ou $\left(\frac{21}{20}\right)^3 \times 48000$, qui devient, en effectuant, $\frac{9261}{8000} \times 48000, = \frac{9261 \times 48000}{8000}$, en multipliant le numérateur, ou 9261 × 6, en divisant les deux termes de l'expression par 8000; d'où l'on 55566 pour Capital et intérêts des intérêts réunis du Capital fr. 48000, placé à intérêts des intérêts pendant 3 ans, et par suite 55566 — 48000 = 7566, pour intérêts des intérêts seulement du même Capital dans la présente circonstance.

PRATIQUE. — Chercher le nombre qui exprime ce que vaut un franc, Capital et intérêts compris à la fin de l'année, élever ce nombre à la puissance du nombre des années que le Capital est placé à intérêts, et multiplier la puissance du nombre dont il s'agit par le Capital.

Ici l'intérêt est de $\frac{1}{20}$ pour fr. 1 en 1 an, ce qui fait $\frac{21}{20}$, pour Capital et intérêts réunis, et le nombre d'années qu'est

placé le Capital étant 3, la puissance du nombre devient $\left(\frac{21}{20}\right)^3$, quantité à multiplier par le Capital.

Alors se trouvent $\left(\frac{21}{20}\right)^3 \times 48000 = 55566$, pour Capital et intérêts des intérêts assemblés, et 55566 — 48000 = 7566, pour les intérêts des intérêts pris à part.

Observation. — On peut multiplier les questions sur les intérêts composés comme il a été fait aux intérêts simples : plus difficiles à saisir, elles nous éloignent du but proposé ; je ne les crois pas d'ailleurs fort utiles, et je m'abstiens pour éviter d'être trop long.

VI. — ESCOMPTES.

19. DÉTERMINER L'ESCOMPTE D'UNE SOMME DUE A TERME.

QUESTION. — Quelle est la valeur actuelle d'un Effet de fr. 2850, payable dans 3 ans 4 mois, si l'on porte les intérêts à 6 p. 0/0 par an ?

4° ESCOMPTE EN DEDANS.

Qui n'est autre chose que les intérêts simples, pris en dedans du Capital.

SOLUTION. — Fr. 100 de Capital, en 12 mois, qui composent l'année, valent fr. 6 d'intérêts.

Alors fr. 1 de Capital, dans le même temps, revient à la 100e partie de fr. 6 d'intérêts, ou 6 : 100, $= \frac{6}{100}$.

Et fr. 1 de Capital, en 1 mois, se réduit à la 12e partie de $\frac{6}{100}$ d'intérêts, ou $\frac{6}{100}$: 12, $= \frac{6}{100 \times 12}$, en multipliant le dénominateur.

Donc fr. 3850 de Capital, en 1 mois, équivalent à 2850 fois $\frac{6}{100 \times 12}$ d'intérêts, ou $\frac{6}{100 \times 12} \times 2850$, $= \frac{6 \times 2850}{100 \times 12}$, en multipliant le numérateur.

Et enfin fr. 2850 de Capital, en 3 ans 4 mois, qui deviennent 3 fois les 12 mois de l'année ou 12 × 3 = 36, + les 4 mois supplémentaires énoncés, ou 40 mois en s°, donnent 40 fois $\frac{6 \times 2850}{100 \times 12}$ d'intérêts, ou $\frac{6 \times 2850}{100 \times 12} \times 40$, $= \frac{6 \times 2850 \times 40}{100 \times 12}$, en multipliant le numérateur ; d'où s'obtiennent d'intérêts 28,50 × 20, en éliminant les termes tout à la fois multiplicateurs et diviseurs 100, 6 et 2, et par suite fr. 570, en effectuant.

Donc la valeur actuelle de l'Effet est de 2850 — 570, ou 2280.

PRATIQUE. — Retrancher les intérêts du Capital : 2850 — 570, ou 2280, exprime l'importance actuelle de l'Effet de fr. 2850, payable dans 3 ans 4 mois de ce jour.

Observation. — L'escompte en dedans est seul en usage dans le Commerce.

2° ESCOMPTE EN DEHORS,

Qui comporte les intérêts du Capital et les intérêts des intérêts de de ce Capital, intérêts que sont ces derniers en dehors de ceux du Capital.

1re SOLUTION. — La valeur du Billet est telle aujourd'hui que jointe aux intérêts qu'elle produit pendant 3 ans et 4 mois, à 6 p. 0/0, on doit retrouver fr. 2850.

Cela posé, fr. 100, de Capital en 12 mois, produisent fr. 6 d'intérêts.

Alors fr. 1, de Capital dans le même temps donnera la 100e partie de fr. 6, ou 6 : 100, $= \frac{6}{100}$.

Et fr. 1, de Capital, en 1 mois, réalisera la 12e partie de $\frac{6}{100}$ d'intérêts, ou $\frac{6}{100}$: 12 $= \frac{6}{100 \times 12}$ en multipliant le dénominateur.

Si donc on désigne par x la valeur actuelle de l'Effet, on obtiendra que x de Capital, en 1 mois, rapportera x fois $\frac{6}{100 \times 12}$ d'intérêts ou $\frac{6}{100 \times 12} \times x$, $= \frac{6 \times x}{100 \times 12}$, en multipliant le numérateur, et x de Capital, en 3 ans 4 mois, ou 3 fois les 12 mois de l'année, qui donnent 12 × 3 = 36, + 4 de supplément, ce qui fait 40 mios, produira 40 fois $\frac{6 \times x}{100 \times 12}$ d'intérêts, ou $\frac{6 \times x}{100 \times 12} \times 40$, $= \frac{6 \times x \times 40}{100 \times 12}$, en multipliant le numérateur, qui devient $\frac{x \times 20}{100}$, en divisant les deux termes par 6 et par 2, puis $\frac{x}{5}$, en éliminant aux deux termes le multiplicateur et diviseur commun 5 de l'expression.

Or, la valeur actuelle de l'Effet, plus les intérêts de cette somme pendant 3 ans 4 mois, doivent équivaloir à fr. 2850.

Donc $x + \frac{x}{5} = 2850$.

Et par suite $5x + x = 14250$, par la multiplication du tout par 5.

Donc $6x = 14250$.

D'où $x = \frac{14250}{6}$ ou 2375, qui est la valeur actuelle demandée du Billet.

Et les intérêts se trouvent être ou $\frac{2375}{5}$, $= 475$, expression réalisée de $\frac{x}{5}$, qu'on a obtenue, ou bien 2850 — 2375 = 475, de même importance que d'abord, parce que la différence du montant du Billet payable dans 3 ans 4 mois sur sa valeur actuelle, détermine nécessairement les intérêts de cette valeur et temps.

PRATIQUE. — La formule $\frac{6 \times x \times 40}{100 \times 12}$, conservée en ces termes dans l'égalité établie, $x + \frac{x}{5} = 2850$, donne lieu successivement à :

1° $x + \frac{6 \times x}{100 \times 12} = 2850$.

2° $x \times (100 \times 12) + (6 \times x \times 40) = 2850 \times (100 \times 12)$, en multipliant les 2 membres de l'égalité par 100 × 12.

3° $x \times (100 \times 12) + x \times (6 \times 40) = 2850 \times (100 \times 12)$, en changeant l'ordre des facteurs en l'un des membres.

4° $x \times (100 \times 12 + 6 \times 40) = 2850 \times 100 \times 12$, en mettant les termes du 1er membre sous facteur commun.

D'où $x = \frac{2850 \times 100 \times 12}{100 \times 12 + 6 \times 40} = 2375$, en divisant les deux membres de l'équation par 100 12 + 6 × 40 ;

Ce qui se traduit littéralement ainsi :

Diviser le produit de la valeur du Billet, de 100 et des 12 mois de l'année entre eux, par la somme du produit de 100 et des 12 mois de l'année, l'un par l'autre, et du produit du taux de l'escompte par le nombre de mois qu'il reste à s'écouler pour arriver à l'échéance de l'Effet.

C'est la valeur actuelle du Billet.

La valeur nominale diminuée de la valeur réelle constitue l'escompte.

2° SOLUTION. — Cherchons le Capital et les intérêts compris dans 1 franc aux mêmes conditions que s'offre l'importance nominale de l'Effet.

Fr. 100 de Capital, en 12 mois, qui composent l'année, produisent fr. 6 d'intérêts; alors, en 1 mois, les mêmes fr. 100 de Capital réalisent la 12e partie de fr. 6 d'intérêts, ou $6 : 12$, $\frac{6}{12}$ et, en 3 ans 4 mois, ou 3 fois les 12 mois de l'an née de $12 \times 3 = 36$, $+ 4 = 40$ mois, les fr. 100 de Capital dont il s'agit auront rapporté 40 fois $\frac{6}{12}$, ou $\frac{6}{12} \times 40 = \frac{6 \times 40}{12}$, en multipliant le numérateur.

Ce qui se résume ainsi : pour Capital fr. 100 s'obtiennent $\frac{6 \times 40}{12}$ d'intérêts en 40 mois; d'où se déduit que $100 + \frac{6 \times 40}{12}$, Capital et intérêts compris, ont pour Capital fr. 100 et pour intérêts fr. $\frac{6 \times 40}{12}$, dans le temps donné.

Donc 1, Capital et intérêts compris, dans les mêmes conditions, donnera la $100 + \frac{6 \times 40}{12}$ partie, 1o de fr. 100 pour Capital, ou $100 : \left(100 + \frac{6 \times 40}{12}\right)$, $= \frac{100}{100 + \frac{6 \times 40}{12}}$, et 2o de $\frac{6 \times 40}{12}$ pour intérêts, ou $\frac{6 \times 40}{12} : \left(100 + \frac{6 \times 40}{12}\right)$, $= \frac{\frac{6 \times 40}{12}}{100 + \frac{6 \times 40}{12}}$;

et 2850, importance du Billet, Capital et intérêts compris, et toutes choses étant égales d'ailleurs, rapporteront 2850 fois, d'abord, $\frac{100}{100 + \frac{6 \times 40}{12}}$ pour capital, ou $\frac{100}{100 + \frac{6 \times 40}{12}} \times 2850$, $= \frac{100 \times 2850}{100 + \frac{6 \times 40}{12}}$ en multipliant le numérateur, ou $\frac{100 \times 2850}{100 + \frac{6 \times 40}{20}}$. en simplifiant $\frac{6 \times 40}{12}$, par l'élimination des multiplicateurs et diviseurs communs 6 et 2, ce qui conduit à $\frac{285000}{120} = 2375$, en

effectuant :

Et, ensuite, 2850 fois $\frac{\frac{6 \times 40}{12}}{100 + \frac{6 \times 40}{12}}$ pour intérêts, ou $\frac{\frac{6 \times 40}{12}}{100 + \frac{6 \times 40}{12}} \times 2850$, $= \frac{\frac{6 \times 40}{12} \times 2850}{100 + \frac{6 \times 40}{12}}$, en multipliant le numérateur, qui devient $\frac{20 \times 2850}{100 \times 20}$, en réalisant l'expression $\frac{6 \times 40}{12}$ par la suppression des multiplicateurs et diviseurs communs 6 et 2, puis $\frac{57000}{120}$, $= 475$, en effectuant.

Donc le Capital et les intérêts demandés sont 2375 d'une part et 475 de l'autre, dont la somme se justifie en 2850, la valeur à escompter.

PRATIQUE. — 1o Pour obtenir l'importance actuelle du Billet, diviser le produit du chiffre de sa valeur nominale et de 100 entre eux, par la somme de 100 + le produit du taux des intérêts par le temps donné sur l'année.

$$\frac{100 \times 2850}{100 + \left(\frac{6 \times 40 \text{ ou } 40}{12}\right)} = 2375.$$

2o Pour obtenir l'escompte, diviser le produit du taux des intérêts par le temps spécifié en l'Effet sur le temps de l'année en sa division, après qu'il est multiplié par l'importance de l'Effet, — par la somme de 100 plus le produit du taux d'intérêts par le temps donné de la division de l'année.

$$\frac{\left(\frac{6 \times 40 \text{ ou } 20}{12}\right) \times 2850}{100 + \left(\frac{6 \times 40 \text{ ou } 20}{12}\right)} = 475.$$

VII. — SOCIÉTÉS.

20. PARTAGE EN PROPORTION DES MISES.

QUESTION. — Si 3 associés qui ont mis en commun, le 1er fr. 4000, le 2e fr. 5000, et le 3e fr. 6000, ont gagné fr. 3000, quel est le bénéfice de chacun d'eux ?

SOLUTION. — $4000 + 5000 + 6000$, de mises, $= 15000$, ont rapporté 3000 :

Donc 1 de mise a rapporté la 15000e partie de 3000 ou $3000 : 15000$, $= \frac{3000}{15000}$, de 0, 2, en effectuant.

Alors, le 1er qui a mis 4000, aura un bénéfice de 4000 fois 0, 2 ou 0, 2 × 4000 800
Le 2e qui a mis 5000, aura pour sa part 5000 fois 0, 2 ou 0, 2 × 5000 1000
Et le 3e qui a mis 6000, aura pour lui 6000 fois 0, 2 ou 0, 2 × 6000 1200

Ce que vérifie le bénéfice total en $800 + 1000 + 1200 = 3000$.

PRATIQUE. — Faire la somme des mises, puis diviser le bénéfice par cette somme, ce qui procure le gain pour un franc de mise, et multiplier séparément ce bénéfice d'un franc de mise par la mise des sociétaires pour obtenir leurs parts respectives.

21. PARTAGE EN PROPORTION DES MISES ET DU TEMPS.

QUESTION. — Deux marchands associés ont fait un bénéfice fr. 12000 ; ils ont mis dans l'entreprise, l'un fr. 25000 pendant 18 mois, et l'autre fr. 20000 pendant 3 ans : quelle est leur part de profit, en raison des mises et du temps qu'elles ont été employées ?

SOLUTION. — Fr. 25000 pendant 18 mois, équivalent à 48 fois 25000 pendant 1 mois, ou 25000×18, $= 450000$.

Fr. 20000 pendant 3 ans de 12 mois l'un ou 3 fois 12, $= 12 \times 3$, qui font 36, équivalent à 36 fois 20000 pendant un mois, ou 20000×36, $= 720000$.

Alors, les 2 marchands sont dans les conditions d'avoir mis dans l'association, d'une part, 450000, et de l'autre, 720000, pendant le même temps, ou $450000 + 720000 = 1170000$.

Cela posé, fr. 1170000 de mise ont produit 12000 :

Donc fr. 1 a rapporté la 1170000e partie de 12000 ou $12000 : 1170000$, ou $\frac{12000}{1170000}$, ou 0,0102564 : d'où il suit —

Que celui qui a la valeur de 450000 de mise obtiendra 450000 fois 0,0102564, ou $0,0102564 \times 450000$, $= 4615,39$;

Et celui qui a celle de 720000 obtiendra 720000 fois 0,0102564 ou $0,0102564 \times 720000$, $= 7384,62$, ce qui fait en somme $4615,39 + 7384,62 = 12000$, bénéfice produit.

PRATIQUE. — Multiplier les mises par le temps qu'elles sont employées, faire la somme des produits, diviser le bénéfice par cette somme pour obtenir le gain d'un franc, qui alors multiplié un à un par les produits obtenus des mises et du temps qu'elles sont placées, détermine le bénéfice particulier des marchands.

22. PARTAGE EN PROPORTION RELATIVE DES FORCES.

QUESTION. — Partager un produit de fr. 100, en proportion des forces de deux associés, considérées entre elles comme 12 est à 13.

SOLUTION. — Une force 12 et une force 13 constituent réunies une force $12 + 13 = 25$.

Ainsi, une force 25 a produit fr. 100.

Alors, toutes choses étant égales d'ailleurs, une force 1 exprime la 25e partie du produit 100, ou $100 : 25$, $= \frac{100}{25}$, qui fait 4, en effectuant.

Donc, dans les mêmes conditions,
La force 12 donnera lieu à 12 fois 4, ou $4 \times 12 = $ . . . 48,
Et la force 13 à 13 fois 4, ou $4 \times 13 = $ . . . . . . 52.

Dont la somme devient $48 + 52 = $ 100;

Que comporte la force 25, de 25 fois 4, ou 4×25.

Pratique. — Faire la somme des forces ($12 + 13 = 25$), diviser le produit par cette somme $\left(\frac{100}{25} = 4\right)$, et le quotient obtenu, multiplié par la valeur des forces particulières, exprime le partage proportionnel du produit donné ($4 \times 12 = 48$ et $4 \times 13 = 52$, enfin $48 + 52 = 100$).

23. — PARTAGE EN PROPORTION INVERSE.

Question. — Un père laisse en mourant fr. 2000, qu'il veut partager, en proportion inverse de leur âge, entre ses deux enfants, dont l'un a 14 ans et l'autre 11.

Solution.

Avec 2 ans au 1er et 1 an au 2e, ce serait 2 parts pour le 2e et 1 part pour le 1er.
— 3 — 1er — 1 — 2e, — 3 — 2e — 1 — 1er.
— 4 — 1er — 1 — 2e, — 4 — 2e — 1 — 1er.
— » — » — » — » — » — » — » — »
— » — » — » — » — » — » — » — »
— » — » — » — » — » — » — » — »
— 14 — 1er — 1 — 2e, — 14 — 2e — 1 — 1er.
— 14 — 1er — 2 — 2e, — 14 — 2e — 2 — 1er.
— 14 — 1er — 3 — 2e, — 14 — 2e — 3 — 1er.
— » — » — » — » — » — » — » — »
— » — » — » — » — » — » — » — »
— 14 — 1er — 11 — 2e, ce sera 14 — 2e — 11 — 1er.

Ainsi le 1er a droit à 11 parts et le 2e à 14, dont l'ensemble est de $11 + 14 = 25$.

Donc 1 part équivaut à la 25e partie de fr. 2000, ou 2000 : 25, $= \frac{2000}{25}$, qui fait 80.

Alors, le 1er qui a 11 parts, obtiendra 11 fois 80, ou 80 $\times 11 = $ 880,
Et le 2e qui en a 14, réalisera 14 fois 80, ou $80 \times 14 = 1120$,

Dont l'ensemble est de $880 + 1120 = $ . . . 2000, importance de la somme mise en partage.

Pratique. — Le 1er a autant de parts que son frère d'années et le 2e est dans le même cas à cet égard par rapport au 1er : faisant la somme des parts et divisant l'héritage par cette somme, le quotient multiplié par le nombre des parts de chacun d'eux, sera l'expression de ce qui revient à l'un et à l'autre.

24. — PARTAGE PROPORTIONNEL AVEC DES TERMES INCONNUS.

Question. — Dans l'association de 2 marchands on sait que le 1er a mis fr. 6, que le 2e a gagné fr. 8, et que la somme des mises et des profits s'élève à fr. 40 : on demande le bénéfice du 1er et la mise du 2e.

Solution. Soit x, le gain du 1er, on obtiendra : x a été gagné par 6, et 1 par la xe partie de 6 ou 6 : x, $= \frac{6}{x}$, puis 8 par 8 fois $\frac{8}{x}$, ou $\frac{6}{x} \times 8$, $= \frac{6 \times 8}{x}$, en multipliant le numérateur, ce qui fait $\frac{48}{x}$.

Alors la somme des mises et des gains s'exprime ainsi par $6 + x + \frac{48}{x} + 8 = 40$, équation qui se transforme et devient successivement :

$x + \frac{48}{x} = 26$, en retranchant $6 + 8 = 14$ aux deux membres.

$x^2 + 48 = 26 x$, en multipliant tout par x.

$x^2 - 26 x = -48$, en retranchant 26 x à chaque membre.

$x^2 - 26 x \pm \left(\frac{26}{2}\right)^2 = -48 \pm \left(\frac{26}{2}\right)^2$, en ajoutant de part et d'autre le complément du binome.

$x \pm \frac{26}{2} = \sqrt{-48 \pm \left(\frac{26}{2}\right)^2}$, en extrayant la racine carrée de part et d'autre.

$x \pm \frac{26}{2} = \sqrt{-48 \pm \frac{676}{4}}$, en effectuant le dernier terme.

$x \pm \frac{26}{2} = \sqrt{-\frac{192}{4} + \frac{676}{4}}$, en abandonnant $+ \frac{26}{2}$ et $-\frac{676}{4}$, qui conduisent à des résultats inutiles.

$x - \frac{26}{2} = +\sqrt{\frac{484}{4}}$, en rendant le dernier terme en une seule expression.

$x - \frac{26}{2} = \frac{22}{2}$, en effectuant le dernier terme.

$x - 13 = 11$, en effectuant la division de part et d'autre.

$x = 11 + 13$, en isolant x.

Et $x = 24$, en effectuant.

24 est donc le gain du 1er.

Et comme la mise du 2e équivaut à $\frac{6 \times 8}{x}$, on aura, en remplaçant x par sa valeur, $\frac{6 \times 8}{24}$, ou $\frac{48}{24}$, qui devient 2 en effectuant.

D'où la somme des mises et des gains s'élève à $6 + 22 + 2 + 8 = 40$, somme proposée.

Pratique. — 24 est obtenu de $11 + 13$:

1° 13 est la 1/2 somme de 26, et 26 est égal à la somme des gains (40), diminué de la mise (6) et du gain (8), quantités connues, réunies en un.

2° 11 est la 1/2 somme de 22, racine de 484, différence de 676 carré de 26, et 192 produit de 48, qui vient de 6×8, termes donnés, — par 4, constant.

Observation. — $x - \frac{26}{2} = -\frac{22}{2}$ eût conduit à $x = -\frac{22}{2} + \frac{26}{2}$ de $\frac{26 - 22}{2} = \frac{4}{2}$, ou 2 ; qui satisfait aussi directement à l'énoncé : c'est la double solution ordinaire des équations du 2e degré.

La mise inconnue prend ici la place du gain inconnu de la 1re acception et inversement : voilà toute la différence des deux.

VIII. — ALLIAGES.

1° RÈGLE DE LA 1re ESPÈCE.

25. DÉTERMINER LE PRIX DE L'UNITÉ DU MÉLANGE. DE MARCHANDISES DE DIFFÉRENTES VALEURS.

Question. — On mélange 6 hectolitres de blé à fr. 36, 8 hectolitres à fr. 35, 12 hectolitres à fr. 32, et 15 hectolitres à fr. 30 : quel est le prix de l'hectolitre du mélange ?

Solution.

Les 6 hectolitres à fr. 36, valent 6 fois 36, ou $36 \times 6 = 216$
— 8 — 35, — 8 — 35, ou $35 \times 8 = 280$
— 12 — 32, — 12 — 32, ou $32 \times 12 = 384$
— 15 — 30, — 15 — 30, ou $20 \times 15 = 450$

Ou 41 hectolitres du mélange de $6 + 8 + 12 + 15$, pour $216 + 280 + 384 + 450$, = ... 1330

Donc 1 hectolitre équivaut à la 41e partie de 1330, ou 1330 : 41, $= \frac{1330}{41}$, ou 32, 43.

Pratique. — Multiplier le prix d'une mesure de chaque espèce par le nombre des mesures qui entrent dans le mélange, puis diviser la somme des produits obtenus par le nombre total des mesures.

($36 \times 6 = 216$) + ($35 \times 8 = 280$) + ($32 \times 12 = 384$) + ($30 \times 15 = 450$), expriment 41 mesures pour 1330, ce qui fait $\frac{1330}{41} = 32$, 43 pour l'hectolitre de mélange.

2° RÈGLE DE LA 2e ESPÈCE.

26. PROPORTION DU MÉLANGE.

Question. — Dans quelle proportion faut-il mélanger du vin à 0,40, à 0,50, et à 0, 75 centimes, pour obtenir 25 litres à 0.60 ?

SOLUTION. — Désignons par x, y et z, les quantités prises à 0, 40, à 0, 50 et à 0, 75 c⁰ˢ, comme il s'agit d'en obtenir 25 litres, on aura d'abord,

$x + y + z = 25$;

D'où $x = 25 - y - z$, en retranchant de part et d'autre y et z.

Mais les 25 litres à 0 60 c⁰ coûteront 25 fois 0,60, ou $0,60 \times 25$, $= 15$; alors on obtiendra encore 0, $40 \times x + 0, 50 \times y + 0, 75 \times z = 15$, qui devient $40x + 50y + 75z = 1500$, en effectuant, puis $40 \times (25 - y - z) + 50y + 75z = 1500$, en remplaçant x par sa valeur, $25 - y - z$, obtenue précédemment.

Ensuite $1000 - 40y + 40z + 50y + 75z = 1500$, en effectuant.

Et $10y + 3z = 500$, par la simplification des termes.

Enfin $2y + 7z = 100$, en divisant le tout par 5.

Ce qui conduit à $2y = 100 - 7z$, en retranchant $7z$ à chaque membre.

D'où $y = \frac{100 - 7z}{2}$, en divisant les 2 membres par 2.

Ou $y = 50 - 3z - \frac{z}{2}$, en effectuant,

Qui se résout par $y = 50 - 3z - t$, en faisant $\frac{z}{2} = t$.

Or, de $\frac{z}{2} = t$, s'obtient $z = 2t$, en tout multipliant par 2.

Donc, si l'on fait $t = 5, \quad 6, \quad 7, \quad \ldots \ldots \ldots$

On aura . . . . $z = 10, 12, 14$, puisqu'il est de $2t$.

— $y = 15, \quad 8, \quad 1$, parce qu'il équivaut à 50 $- 3z - t$.

— $x = 0, \quad 5, 10$, de ce qu'il est de $25 - y - z$.

Ainsi trois solutions différentes sont possibles, savoir :

1ʳᵉ.	10 litres	à 0,75	de	7,50
	15, —	à 0,50	de	7,50

Ce qui fait 25 litres à 0,60 de 15, »

2ᵉ.	12 litres	à 0,75	de	9, »
	8	à 0,50	de	4, »
	5	à 0,40	de	2, »

Ce qui fait 25 litres à 0,60 de 15, »

3ᵉ.	14 litres	à 0,75	de	10,50
	1	à 0,50	de	0,50
	10	à 0,40	de	4. »

Ce qui fait 25 litres à 0,60 de 15, »

PRATIQUE. — Prendre la valeur de x en fonction de y et z, celle de y en jonction de z avec l'indéterminée t, et celle de z en fonction de cette dernière, qui conduit à obtenir les inconnues.

Il est généralement à peu près indifférent de choisir l'ordre d'après lequel se prend la valeur successive de x, y, z.

IX. — PAYEMENTS A TEMPS.

27. PAYEMENTS ÉGAUX POUR L'ACQUIT D'UNE CRÉANCE SUR INTÉRÊTS COMPOSÉS.

QUESTION. — Un particulier qui doit une rente de fr. 2200 au capital fr. 11000, voudrait acquitter en 2 ans le capital et la rente, au moyen de deux payements égaux effectués à la fin de chaque année : trouver l'importance de chaque payement eu égard aux intérêts composés.

SOLUTION. — Le Capital qu'il faudra acquitter après 2 années écoulées est de fr. 11000

La rente à payer à la fin de la 1ʳᵉ année est de fr. . 2200

Or, le taux x des intérêts p. 0/0 d'un capital fr. 11000 produisant fr. 2200 par an, se réalise de 11000 fois x, le nombre de fois x de centaines contenues dans 11000, ou $x \times 110$ pour devenir 2200, d'où $x = \frac{2200}{110}$, en divisant les 2 termes par 110, ou 20 en effectuant ; ce qui conduit à obtenir d'intérêts pour fr. 2200 de rente, 22 fois 22, le nombre fois 20 qu'il y a de centaines dans 2200, ou $20 \times 22 = \ldots \ldots \ldots \ldots \ldots$ 440

Et la 2ᵉ rente, celle qui se trouve réalisable à la fin de la 5ᵉ année, est aussi de fr 2200

Alors la créance s'élève en somme à $1100 + 2200 + 440$ $+ 2200 = \ldots \ldots \ldots \ldots \ldots \ldots$ 15840

Maintenant, fr. 100 d'un 1ᵉʳ payement, avec intérêts de 20 p. 0/0 par an, et fr. 100 d'un payement égal au 1ᵉʳ, constituent une valeur de fr. 220, similaire, en son détail, à la créance à déterminer en 2 payements égaux.

Alors, 220 est dans le même rapport avec 100 que 15840 l'est avec x, l'importance des payements à effectuer : d'où $\frac{220}{100} = \frac{15840}{x}$, ou $220 \times x = 15840 \times 100$, en multipliant les deux membres par x et par 100, ce qui revient à $220x = 1584000$, en effectuant, équation qui conduit à $x = \frac{1584000}{220}$, en divisant les deux membres par 220, ou 7200, pour expression de chacun d'eux.

En effet, 7200 du 1ᵉʳ payement,

Plus,.. 1440 d'intérêts de 72 fois 20 ou 20×72, sur 7200 à 20 p. 0/0 en 1 an,

Avec... 7200 du 2ᵉ payement égal au 1ᵉʳ,

On obtient 15840, la valeur de la créance, en son composé $7200 + 1440 + 7200$.

PRATIQUE. — Faire la somme du capital, des deux années d'arrérages, et des intérêts d'autant d'années moins une, et la diviser par la partie semblablement composée sur 100.

11000, le capital, + 2 fois 2200, la rente, + 440, les intérêts de 2200 en 1 an à 20 p. 0/0, $= 15840$. — La partie similaire établie sur 100, dans la situation, devient 100 d'un 1ᵉʳ payement, avec les intérêts de 100 à 20 p. 0/0 par an, de 20, et 100 d'un 2ᵉ payement, ou 220.

Et $\frac{1584000}{220}$, $= 7200$, détermine la valeur des payements égaux,

Observation. — Ces sortes de questions se peuvent multiplier en raison des données qu'elles comportent.

X. — TROCS.

28. ÉCHANGE DE MARCHANDISES A DES PRIX DIFFÉRENTS.

QUESTION. — On veut troquer du drap à fr. 20 le mètre contre du casimir à fr. 25 ; combien aura-t-on de mètres de casimir pour 150 mètres de drap ?

SOLUTION. — 150 mètres de drap à fr. 20 équivalent à 150 fois 20, ou $20 \times 150 = 3000$.

Si 1 mètre de casimir vaut fr. 25, autant de fois 25 sera con-tenu dans 3000, autant de mètres de casimir on obtiendra pour les 150 mètres de drap à fr. 20 le mètre.

25 est contenu de fois dans 3000, $\frac{3000}{25} = 120$.

PRATIQUE. — Obtenir l'importance de la marchandise concédée et la diviser par le prix de l'unité de la marchandise à remettre en échange,

$20 \times 150 = 3000$, et $\frac{3000}{25} = 120$.

XI. — GRANDS EMPRUNTS.

29. CARACTÈRES DES GRANDS EMPRUNTS.

Ces Emprunts se réalisent en parties de diverses importances suivant les différentes acceptions qui les motivent, sur évaluation inférieure à 100, ou égale à 100 avec des conditions autrement avantageuses, mais toujours remboursables à 100, portant intérêts généralement comptés à 3, à 4, à 4,50 et à 5 p. 0/0, qui se négocient à la Bourse et changent alors de valeur active selon les temps plus ou moins favorables à la recherche des titres émis.

On distingue principalement à cet égard, les Rentes sur l'Etat, les Obligations et les Actions industrielles.

1° Les Rentes sur l'Etat, au moyen de titres au porteur, acquises d'une somme inférieure à 100 pour 100 de remboursement, portant des intérêts annuels payables par semestre, se soldent parties par parties annuellement sur le rachat qui s'en fait pour l'amortissement de la dette publique.

2° Les Obligations, titres portant intérêts annuels fixes, souvent à 3 p. 0/0 sur la valeur nominale, se remboursent dans l'intervalle d'un temps déterminé, par tirages au sort annuels.

3° Les actions, produites de leur importance même, portant intérêts annuels, quand l'entreprise fructifie, se liquident dans l'espace du temps pendant lequel elle s'accomplit, par tirages au sort annuels aussi, et donnent droit encore à une part du dividende dans les bénéfices, s'il y en a, et de plus au moment de l'amortissement de chacune d'elles, à une action de jouissance sur la valeur de la propriété à l'expiration de la concession.

30. TAUX DES INTÉRÊTS (Rentes sur l'État.)

QUESTION. — On a acheté pour fr. 500 de Rentes de 3 p. 0/0, au cours de fr. 75; à quel taux des intérêts réels l'opération s'est-elle faite?

SOLUTION. — Fr. 75, rapportent fr. 3, alors fr. 1, donne la 75° partie de fr. 3, ou 3 : 75, = $\frac{3}{75}$; et pour 100, 100 fois = $\frac{3}{75}$ ou $\frac{3}{75} \times 100$, en multipliant le numérateur, ou enfin fr. 4, en effectuant.

PRATIQUE. — Multiplier le taux de la rente nominale par 100 et diviser le produit par la valeur du cours de la rente.

$$\frac{3 \times 100}{75} = \frac{300}{75} \text{ ou } 4.$$

31. RECHERCHE DU CAPITAL (Obligations.)

QUESTION. — Quelle somme faut-il pour acheter fr. 80 de rentes en obligations de fr. 500 de 3 p. 0/0, au cours de fr. 350?

SOLUTION. — A 3 p. 0/0, fr., 500 portent 5 fois fr. 3, ou 3 × 5 = fr. 15 d'intérêts. — Alors, fr. 15 sont rapportés par fr. 350, et fr. 1 par la 15° partie de fr. 350 ou 350 : 15, = $\frac{350}{15}$; —

Donc fr. 80 le seront par 80 fois $\frac{350}{15}$ ou $\frac{350}{15} \times 80$, = $\frac{350 \times 80}{15}$, en multipliant le numérateur; ce qui fait fr. 1866,66..., en effectuant.

PRATIQUE. — Multiplier la valeur du cours de la rente par la rente à obtenir et diviser le produit par les intérêts de l'importance nominale de l'obligation.

$$\frac{350 \times 80}{15} = 1866,66...$$

32. DÉTERMINATION DE LA RENTE (Actions).

QUESTION. — Quelle rente effective obtiendra-t-on pour fr. 6000, en actions de fr. 500 de 4,50 p. 0/0, avec dividende probable de fr. 5 p. 0/0, au cours de fr. 700?

SOLUTION. — A 4,50 et 5 de dividende ou 4,50 + 5 = 9,50 d'intérêts p. 0/0, fr. 500 portent 5 fois 9,50 ou 9,50 × 5 = 47,50.

Ainsi, fr. 700 rapportent fr. 47,50; donc fr. 1 produit la 700° partie de fr. 47,50 ou 47,50 : 700 = $\frac{47,50}{700}$; et fr. 6000, 6000 fois $\frac{47,50}{700}$, ou $\frac{47,50}{700} \times 6000$ = $\frac{47,50 \times 6000}{700}$, en multipliant le numérateur; ce qui se résout par fr. 407, 142857...

PRATIQUE. — Multiplier la somme des intérêts et du dividende probable de la valeur nominale de l'action par le capital employé à l'achat, et diviser ce produit par l'importance du cours de la rente.

$$\frac{47,50 \times 6000}{700} = 407,142857...$$

34. Observation. — Les conditions et les avantages ne se trouvant pas être les mêmes pour les Rentes sur l'Etat, les Obligations et les Actions industrielles, le prix d'achat des unes et des autres varie nécessairement en raison des différences qui sont faites à ce sujet.

33. BÉNÉFICE SUR UNE NÉGOCIATION D'ACHAT ET DE VENTE.

QUESTION. — Trouver le bénéfice sur une rente de fr. 200 de 4 p. 0/0, achetée au cours de fr. 60,50, et vendue au cours de fr. 72, 25.

SOLUTION. — Fr, 72,25 — fr. 60,50, = 11,75, exprime le bénéfice sur 0/0. — Or, alors fr. 4 de rentes donnent un profit de fr. 11,75; donc fr. 1 de rentes produit le 1/4 de fr. 11,75 ou 11,75 : 4 = $\frac{11,75}{4}$, et ainsi fr. 200 de rentes rapportent 200 fois $\frac{11,75}{4}$ ou $\frac{11,75}{4} \times 200$ = $\frac{11,75 \times 200}{4}$, en multipliant le numérateur, ou enfin fr. 587,50 en effectuant.

PRATIQUE. — Multiplier le gain sur 0/0 par la rente, et diviser le produit par le taux des intérêts de la rente nominale.

$$\frac{(72,25 - 60,50 = 12,75) \times 200}{4} = 587,50.$$

34. CONVERSION DE RENTES D'UNE ESPÈCE EN RENTES D'AUTRE SORTE.

QUESTION. — Convertir fr. 4000 de rentes 3 p. 0/0 au taux de fr. 60 en rentes 5 p. 0/0 au taux de fr. 108.

SOLUTION. — Par les 1res, fr. 60 rapportent fr. 3, alors fr. 1 de ces rentes produit la 60° partie de fr. 3, ou 3 : 60 = $\frac{3}{60}$; et fr. 4000, 4000 fois $\frac{3}{60}$ ou $\frac{3}{60} \times 4000$ = $\frac{3 \times 4000}{60}$, en multipliant le numérateur; ce qui fait $\frac{12000}{60}$ = 200, en effectuant.

Par les 2es, fr. 5 de rentes sont rapportés par fr. 108, ainsi fr. 1 est produit par la 5° partie de fr. 108, ou 108 : 5 = $\frac{108}{5}$; et fr. 200, par 200 fois $\frac{108}{5}$ ou $\frac{108}{5} \times 200$ = $\frac{108 \times 200}{5}$ en multipliant le numérateur, ce qui donne 108 × 40 = 4320, en effectuant.

PRATIQUE. — D'abord, multiplier le taux de la rente des 1res par le Capital considéré et diviser le produit par le Cours, on aura ce qui rapportent les rentes 3 p. 0/0.

$$\frac{3 \times 100}{60} = 200.$$

Puis, multiplier le cours des 2es par ce que rapportent les rentes 3 p. 0/0 et diviser le produit par le taux des rentes de ces dernières, et l'on obtiendra le chiffre des rentes 5 p. 0/0.

$$\frac{108 \times 200}{5} = 4320.$$

III.

PRINCIPES DE LA COMPTABILITÉ COMMERCIALE.

I. — ÉLÉMENTS COMMERCIAUX.

1. CE QUE COMPORTENT LES AFFAIRES.

Dans les affaires s'effectue la vente, qui suppose l'achat. Ce sont les deux côtés de l'opération.
Puis, il y a les Capitaux, qui se concèdent sur Intérêts.
Cette situation s'assimile littéralement à la première.

2. OPÉRATIONS DU COMMERÇANT.

Le Commerçant vend ou achète de la Marchandise, ou bien il concède ou obtient des Capitaux.

3. D'OU NAIT LE REMBOURSEMENT.

Par suite des achats et des ventes, comme des Capitaux livrés et obtenus, existe la nécessité du remboursement : — Qui acquiert doit payer ; qui livre doit recevoir.

4. COMMENT SE PRODUIT LE REMBOURSEMENT.

Le remboursement se réalise en Espèces ou en Créances effectives, à terme, comme les Billets à ordre ou les Mandats en général.
Il peut s'exercer de toute autre sorte par convention.
Quand il y a atermoiement, on a recours au Crédit.

5. LES QUATRE ÉLÉMENTS COMMERCIAUX.

On obtient,
D'abord, du fait même de l'opération, un élément de la mise en cause, la Marchandise ou le Capital, qui en tient lieu ;
Ensuite, par rapport au remboursement, trois autres éléments en retour, pour satisfaire à l'obligation résolutive née de l'action sollicitante, les Espèces, les Effets et le Crédit.

6. COMPOSITION DU CAPITAL.

Des quatre éléments commerciaux déterminés, la Marchandise, d'une part, les Espèces, les Effets et le Crédit, de l'autre, au moyen desquels s'exercent les négociations, il résulte que le Capital du Commerçant consiste dans la substance des comptes établis :
1° De la Marchandise qu'il possède,
2° De ses Espèces en Caisse,
3° Des Effets qu'il doit recevoir sur la différence de ceux qu'il doit payer,
4° De ce qui lui est dû au dehors, déduction faite de ce qu'il doit lui-même.

7. CARACTÈRES EFFECTIFS DE L'OPÉRATION, SUR LES ÉLÉMENTS COMMERCIAUX.

Toute donnée commerciale mise en cause, présente un caractère double et opposé d'action.
C'est tout à la fois d'un lieu qu'elle sort, qu'elle altère, et dans un autre qu'elle entre, qu'elle grossit.
Une livraison se pratique, c'est par le fait l'objet d'un remboursement à effectuer.
C'est la marchandise changée en Espèces, ou en Effets, ou en mobile du Crédit.
Des fonds entrent en Caisse, c'est par contre un Débiteur qui s'acquitte.
C'est alors un Crédit résolu en Espèces.
L'Opération commerciale se résume donc aux effets du déplacement de la même valeur entre les Eléments de commerce considérés d'une maison, — donnée qui se soustrait des uns pour augmenter les autres, de manière à conserver un équilibre constant d'importance sur l'ensemble de ces Eléments.

II. — ÉCRITURES COMMERCIALES.

8. QUELLES ÉCRITURES SERAIENT NÉCESSAIRES, SI LES AFFAIRES NE SE TRAITAIENT QU'AU COMPTANT.

Si les affaires ne se traitaient qu'au comptant, évidemment alors il ne serait guère besoin d'Ecritures qu'en ce qui concerne la nomenclature des Marchandises, pour les offrir à la pratique.

9. LE PRINCIPAL MOTEUR DES ECRITURES.

De ce que les opérations au comptant n'exigent pour ainsi dire point d'Ecritures, le principal Moteur des Ecritures est nécessairement le Crédit.

10. CE QUI A DONNÉ NAISSANCE AUX ECRITURES EN PARTIE SIMPLE.

La première idée qui s'offre à l'esprit au point de vue de l'utilité des Ecritures, se porte tout entière sur ce qui est dû au commerçant par chacun et sur ce dont il est redevable à autrui, par suite de ses opérations, eu égard à la certitude des faits.
C'est à cette circonstance que sont dues les Ecritures en Partie Simple, —
Dont l'objet se réduit à reproduire en quelques mots les opérations du Négociant contractées avec ceux auxquels il doit ou qui lui doivent, selon qu'il leur a acheté ou vendu, par articles individuels que se mettent en Compte, —
Conditions suffisantes, alors qu'il ne s'agissait, comme autrefois, que d'un Crédit limité entre connaissances, à peu près toujours de la même localité.

11. A QUELLE OCCASION SE DOIVENT LES ECRITURES EN PARTIE DOUBLE.

Aujourd'hui que les relations commerciales sont plus étendues par nos moyens de communication plus faciles et plus prompts, et que le Crédit a pris une extension considérable, le Commerçant a besoin de savoir, pour ainsi dire à tout instant, le compte de ses Eléments commerciaux : —

Des offres de Marchandises lui sont faites, doit-il les accepter — ou non ? — C'est ce qu'il possède de ces sortes de Marchandises qui peut seul le guider à cet égard. — A-t-il des obligations à remplir ? — Il faut qu'il sache à temps s'il sera en mesure d'y satisfaire. — Lui est-il dû beaucoup ? — Il lui est indispensable de veiller à ses rentrées.

Or, considérée dans son caractère double et opposé, l'opération commerciale se réduit au changement de place de la même valeur sur l'ensemble des Eléments commerciaux, prise qu'elle se trouve, d'une part, au compte de l'un d'eux, qu'elle diminue d'autant, et reportée, d'autre part, au compte de certain autre de ceux-là, qu'elle charge de son importance : c'est dès lors une partie d'une acception double dans l'action de l'opération que cette valeur, et les Ecritures de Comptabilité, qui deviennent l'image du fait, sont dites en Partie Double à cause de cela.

De la nécessité faite au Commerçant de connaître sa situation dans les Eléments de son Commerce au jour le jour, se produit celle de ses Ecritures en Partie Double pour représenter ses opérations avec exactitude, dans la forme comme au fond, — ce qui constitue la Comptabilité commerciale.

12. LES ECRITURES QU'IL CONVIENDRAIT DE TENIR POUR MORALISER LE COMMERCE.

Or, le Commerce est à moraliser.

Ce n'est que dans la loyauté des transactions qu'il offre les garanties assurées de son développement.

Puis le trafic rend défiant, d'une part, et, de l'autre, ceux qui se trouvent trompés quelques fois, se peuvent voir devenir moins délicats à leur tour.

C'est ainsi que dans les Ecritures de certaines maisons, se laissent soupçonner de bien près la fraude et sa mauvaise foi, si non le vol à l'occasion, — soit qu'on se ménage une incurie coupable, soit même qu'on fasse usage d'une ponctualité trop calculée pour n'être point suspecte.

Les Tribunaux prennent jusqu'ici les choses telles quelles : c'est peut-être un tort, et je ne doute pas que bientôt ils ne se reconnaissent dans la nécessité d'user de la rigueur qu'il conviendrait d'apporter pour paralyser des effets pernicieux.

Ce ne serait plus seulement d'une Comptabilité apparente ou restreinte qu'il s'agirait alors, mais d'une Comptabilité qui, reposant sur l'origine des données préalables, conduirait, par un enchaînement rigoureusement régulier des faits, — à travers le détail des opérations réglementées, d'abord individuellement, puis dans les acceptions d'ensemble, enfin en ce qui concerne les particuliers intéressés avec la maison agissante, — jusqu'à la justification du dépouillement au dehors.

III. — LES LIVRES PRINCIPAUX.

13. NÉCESSITÉ DU BROUILLARD.

Au point de vue des relations exercées avec les autres maisons, comme au point de vue de la certitude à obtenir dans les données susceptibles de se multiplier simultanément à la même heure chez le Commerçant, le Brouillard, sur lequel on inscrit les opérations à la suite les unes des autres, à mesure qu'elles se produisent, est devenu indispensable pour offrir l'authenticité désirable dans les Ecritures, qui sont la garantie de l'exactitude des faits commerciaux rapportés.

Le Brouillard est donc, à proprement parler, le Livre-Journal rendu obligatoire à tout Commerçant par la Loi.

C'est le recueil de toutes les opérations du Commerçant.

Comme l'ordre de l'inscription au Brouillard dépend exclusivement de la priorité de l'accomplissement des faits entre eux, les articles s'y trouvent à peu près pêle-mêle confondus, quant à la nature des opérations et quant aux individus étrangers à la maison qui y ont pris part avec elle ; c'est sous ce rapport une sorte de confusion qui se rencontre dans la suite des opérations exposées, situation qui lui a valu le nom de Brouillard.

14. COMMENT SE REPRÉSENTENT LES ARTICLES AU BROUILLARD.

Si l'article du Brouillard est appelé à reproduire fidèlement l'opération commerciale, sous la forme sérieuse d'une Comptabilité bien entendue, il comprendra, — après la mise en cause des Eléments de Commerce ou des Particuliers qu'elle concerne, considérés dans la part opposée qu'ils prennent à l'action dont on s'occupe, — le caractère substantiel du fait, qu'il conviendra de développer ensuite dans sa nature, sa qualité, son importance et sa valeur, — avec les conditions particulières de remboursement auxquelles il est soumis, quand il y a lieu, — sur une disposition telle, qu'il offre, à première vue, — dans un détail convenable et préparé avec discernement, où apparaissent, ici, en un, les assemblages similaires, et là, distinctes, les données contraires, — le compte frappant de clarté des parties qui incombent à chaque intéressé, comme de l'ensemble.

C'est la mise en Compte individuelle des articles.

L'Opération commerciale est l'élément du Brouillard.

Maintenant, plaît-il, comme il est bien désirable que la chose soit, que les livres spéciaux de Comptabilité se correspondent avec les livres de mouvement de la maison, portons au Brouillard sur entrée et sortie, toutes les données de mutation palpables, alors les Balances des diverses applications des objets se contrôleront des unes aux autres et la Comptabilité sera devenue générale.

15. OBJET DU JOURNAL.

Recueillir les articles du Brouillard un à un à la suite les uns des autres et les mettre en comptes des Eléments de commerce, afin que le Négociant puisse se rendre raison à tout instant de la situation qui lui est faite en chaque substance, et obtenir aussitôt, au moyen des comptes obtenus, l'importance de son Capital, ce qui lui est devenu indispensable pour la gouverne de sa maison par suite de la multiplicité journalière des affaires et de l'extension donnée au Crédit, tel est l'objet du Livre-Journal, proprement dit, parceque les articles, comme au Brouillard, y sont portés au jour le jour.

A cet effet, la détermination des articles transcrits au Journal, est nécessairement succinte quoique complète.

Mais le Journal n'acquerra le degré d'utilité le plus grand possible, qu'autant que les chiffres des parties diversement affectées des articles, seront présentés par ordre sur toute l'étendue de l'échelle des Eléments de commerce mis en comptes, offrant ainsi en un coup d'œil l'aperçu de l'état des données commerciales prises séparément, comme du résultat qui en découle, et puis l'avantage immense de contrôles immédiats des Ecritures, aussi prompts que faciles, qui non seulement ne laissent plus de part à l'erreur, mais qui devancent les recherches.

Le Journal consiste donc dans la mise en Comptes généraux des opérations.

Les Comptes des Eléments commerciaux sont les éléments du Journal.

16. CE QUE COMPORTE LE GRAND-LIVRE.

La vente à terme, d'après certaines conditions ou non, qui donne lieu au Crédit, spécifie la substance du Compte général des Particuliers avec le Commerçant considéré.

Le compte des Particuliers du Journal, dépouillé article par article, et mis en Comptes individuels aux noms des intéressés avec la maison, pour établir distinctement ce qu'ils doivent et ce qui leur est dû chacun, et pouvoir arrêter la Balance des résultats, ce qui constitue un recueil complet des Comptes séparés des Particuliers : voilà ce que comporte le Grand-Livre, ordinairement fort grand de dimensions, à cause de la quantité nombreuse des articles de certains Comptes, afin de ne se pas trouver dans la nécessité d'en ouvrir trop fréquemment au même individu, quand cette occasion se présente, circonstance qui ne se réalise qu'aux dépens d'une solution de continuité entre les parties du même Compte, toujours embarrassante, lorsqu'elle se produit.

Les Comptes des Particuliers sont les éléments du Grand-Livre.

IV. — LES COMPTES GÉNÉRAUX DE COMMERCE.

17. NATURE DES COMPTES GÉNÉRAUX DE COMMERCE.

Les comptes distincts des quatre Éléments commerciaux déterminés : le compte de Marchandise, le compte de Caisse, le compte des Effets, et le compte Divers du Crédit, en ce qui concerne les particuliers avec le Commerçant *et vice versa;* ceux-là mêmes sont les Comptes Généraux de Commerce de toute maison.

**18. TOUT COMPTE GÉNÉRAL DE COMMERCE,
A CHAQUE OPÉRATION QUI EN DÉPEND, COMPORTE
DÉBIT OU CRÉDIT.**

Si l'opération commerciale dans le caractère double et opposé de son action, affecte des uns aux autres en sens contraires, les Comptes Généraux de Commerce qui composent le Capital, qu'arrive-t-il ?

Vous vendez, je suppose, pour fr. 1800, de Marchandises au comptant : alors le Compte de Marchandises diminue d'autant, et comme il doit son importance au Capital, c'est un crédit de cette valeur qui est acquis à ce Compte en déduction sur le Capital.

C'est donc au Crédit de la Marchandise que se trouve le chiffre de cette opération, eu égard au Capital.

Mais le Compte de Caisse, qui s'est augmenté par cette vente au comptant des fr. 1800 qu'elle comporte, puisqu'il est redevable aussi au capital de tout ce qu'il possède, a chargé sa dette envers lui des fr. 1800 qu'il a reçus par suite de l'opération.

C'est donc au Débit de la Caisse qu'on a procédé en cela par rapport au Capital.

Alors, comme la situation est constante, quelle que soit l'opération, les Comptes Généraux de Commerce mis en cause dans l'occurrence, ceux qu'elle augmente sont Débiteurs, et ceux qu'elle diminue Créditeurs de son importance.

Ainsi tout Compte Général de Commerce, à chaque opération qui s'y trouve assujettie, comporte Débit prélevé sur le Capital ou Crédit remis à lui.

19. CE QUE C'EST QU'ACTIF, PASSIF ET CAPITAL.

Puisque le Débit exprime ce que l'on possède, et le Crédit ce qui est dû, qu'on a livré, l'ensemble des sommes du Débit d'un compte exprime l'Actif de ce compte; et l'ensemble des données du Crédit, le Passif.

Le Capital est l'expression de la différence de l'Actif au Passif d'un compte, soit particulier, soit général.

Mais il ne s'entend comme tel que du Capital absolu.

**20. CAPITAL ABSOLU DÉTERMINÉ SUR LES COMPTES
GÉNÉRAUX.**

Soit acquise cette situation d'une Maison sur le Débit et le crédit des Comptes Généraux de Commerce, après Inventaire :

MARCHANDISE.		CAISSE.		EFFETS.		DIVERS.	
Débit.	Crédit.	Débit.	Crédit.	Débit.	Crédit.	Débit.	Crédit.
a		b		c		d	e	f

Où a désigne les Marchandises en magasin, b, les Espèces en Caisse, c, les Effets à recevoir, d, ceux qu'il faut rembourser, e, ce qui est dû, et f, ce qu'on doit, —

Alors l'Actif sera de $a + b + c + e$, et le Passif, de $d + f$, — Dont s'obtient le Capital $(a + b + c + e)$, l'Actif, — $(d + f)$, le Passif.

**21. LE CAPITAL PRIMITIF SE PERPÉTUE CONSTANT
DANS LES DIVERSES OPÉRATIONS.**

Qu'il convienne, après avoir développé le Capital en Comptes Généraux de Commerce, de placer ici, par exemple, une vente de Marchandises, soit encore comme circonstance plus simple, au comptant, que nous formons de l'importance g, pour caractériser, qu'en résulte-t-il ?

En vendant pour g de Marchandises au comptant, le Compte des Marchandises se diminue d'autant, quand la Caisse s'augmente de la même valeur, c'est donc au Crédit des premières et au Débit de la dernière qu'on agit dans l'actualité de l'importance g, de sorte que dans l'exposé,

	MARCHANDISE.		CAISSE.		EFFETS.		DIVERS.	
	D.	C.	D.	C.	D.	C.	D.	C.
Le Capital préalable étant de....	a	»	b	»	c	d	e	f
— Et l'opération considérée de....	»	g	g	»	»	»	»	»

Il résulte, pour l'actif de la situation, $(a + b + c + e)$, l'Actif primitif, $+ g$, de l'opération, pris au Débit de la Caisse), et pour le Passif, $(d + f)$, le premier Passif, $+ g$, de l'opération, obtenu au Crédit de Marchandises), — d'où se constitue le Capital $(a + b + c + e + g) - (d + f + g)$, $= (a + b + c + e) - (d + f)$, le Capital primitif, en retranchant aux deux termes la quantité commune g, constante de l'opération.

Alors, le Capital est le même avant comme après la donnée reportée.

D'ailleurs, toute autre opération que celle-là, portant sur telle ou telle partie des autres Comptes Généraux reconnus que l'on voudra, conduit à des résultats parfaitement similaires au dernier.

Donc il en sera de même après un certain nombre d'opérations pratiquées.

Donc, après n'importe quelle suite d'opérations commerciales produites sur les Comptes Généraux de Commerce établis, le capital ne sera point altéré ni grossi ; ce sera toujours l'équivalent du Capital primitif, qui seulement s'offrira développé de toute autre sorte, selon les diverses mutations qu'il devra subir dans ses éléments à l'occasion des faits qui les affecteront.

**22. CE QUI RÉSULTE DE L'OBTENTION DU CAPITAL
CONSTANT DANS LES OPÉRATIONS COMMERCIALES.**

Comment se réalise ce fait ?

C'est que chaque opération, dans le caractère double et opposé de son action eu égard aux Éléments de Commerce, tout à la fois d'augmentation d'une part et de diminution de l'autre de son importance, reproduite fidèlement au moyen des Ecritures qui en sont l'image, par Débit et Crédit sur les Comptes Généraux, charge les deux camps contraires d'une égale valeur, de sorte que l'ensemble de tous les Débits et l'ensemble de tous les Crédits des comptes dont il s'agit, se trouvent toujours être, et sans déviation possible, rigoureusement équivalents, en dehors toutefois des données préalables acquises de l'Inventaire de la Maison, qui développent le Capital primitif.

Ainsi la différence qui se puisse rencontrer entre les deux ensembles absolues des Débits et des Crédits des Comptes Généraux à toute situation faite dans la suite des opérations transcrites, se limite invariablement à la différence obtenue de l'Actif au Passif du Capital primitif développé sur les mêmes Comptes, différence qui se perpétue constante.

Donc, en toutes circonstances, cette différence existera permanente, à moins d'erreurs commises, qu'il faudra relever.

De cette considération naît le moyen naturel et radical de contrôler les Ecritures des Comptes Généraux entre eux.

Mais l'ensemble des Débits et l'ensemble des Crédits des Comptes Généraux composent directement, l'un l'Actif et l'autre le Passif de ces Comptes, et le Capital est l'expression de la différence qui s'en déduit.

Donc la différence constante reconnue se produire en toute actualité, détermine le Capital constant de Comptabilité.

Donc laissant à part :

Les Comptes Généraux des Éléments de Commerce, destinés à présenter la situation de la Maison dans ses parties et le tout, pour devenir la base des opérations commerciales, Comptes qui tout embrassent, tout exposent, et tout concentrent, clairement, par des détails qui guident et des assemblages qui prescrivent ou conduisent de manière à satisfaire aussitôt à toutes les exigences des besoins du commerçant :

Puis l'heureuse circonstance du Débit et du Crédit de ces comptes, qui permet de conserver l'intégralité des deux caractères inverses de l'opération dans les déplacements qu'elle occasionne sur les Comptes des Eléments de Commerce, auxquels elle s'assujettit ;

De l'obtention du Capital constant qui découle de ces conditions mises en cause, se produit le Contrôle rationnel, aussi simple qu'exact, à l'abri de toute objection comme exempt de toute méprise, des Ecritures des Comptes Généraux considérés, en comparant entre eux les résultats qu'ils offrent à tout instant d'examen, avantage pratique le plus précieux en Comptabilité.

C'est à des dispositions aussi sérieusement préparées que se distingue la Comptabilité solide qui développe, spécifie, réalise, prévient, et au défaut de laquelle, sacrifiant la vérité à l'apparence dans les recherches, les tâtonnements et les erreurs, on ne sait jamais sur quoi compter.

Ce n'est plus alors la Comptabilité, mais un amoindrissement tout contrefait et tout illusoire de celle-là, dont il ne conserve que le nom résolu en notes et en calculs isolés, qui n'ont guère de valeur qu'en raison de la bonne foi avec laquelle on veut bien les accepter, sans pouvoir servir dans aucun cas de preuve en garantie pour personne.

23. DÉTERMINATION DU CAPITAL RÉEL APRÈS LA RÉALISATION D'OPÉRATIONS COMMERCIALES.

Si le Commerce est l'un des moyens offerts pour augmenter son Capital par les soins qu'on apporte et l'industrie qu'on déploie, l'opération commerciale est nécessairement l'objet d'un bénéfice à prélever pour qui l'effectue.

Cependant, s'il en est le plus souvent ainsi, n'arrive-t-il pas quelquefois que, l'attente trompant les prévisions, le fait ne se résolve sans produit sur les avances qu'on a faites, sinon à perte.

Il n'est rien de régulier à cet égard, et le cas d'équilibre est-une exception assez rare.

Ainsi le Capital constant, originaire du dernier Inventaire dressé, qui apparaît immuable dans les Ecritures, est un Capital de situation et ne présente rien de plus.

Quel est donc maintenant le capital réel à la suite des opérations ?

Arrêtons-nous d'abord à l'hypothèse d'un produit acquis dans l'opération, comme étant celle qui se rencontre le plus généralement probable.

QUESTION. — Après avoir acheté cinq mètres de Marchandises pour cent francs. —

1er Cas. — Qu'on a revendus pour cent vingt francs, ce qui réalise un profit de vingt francs ;

2e Cas. — Dont on n'a tiré parti que de quatre mètres sur les cinq mètres de Marchandises obtenues pour le prix d'achat, ce qui fait un bénéfice d'un mètre resté en magasin, qui, côté au prix de la vente faite, donne lieu aussi à vingt francs de profit : — Déterminer la situation ?

SOLUTION. 1er Cas. — Si le Compte de Marchandises se résumait par a de Débit — b de Crédit acquis au Capital avant l'achat, après cette opération, qui est de fr. 100, il est devenu a + 100 — b, puis, la vente étant faite, qui s'élève à fr. 120, avances et

bénéfices réunis, ou en détail 100 + 20, a + 100 — b — 100 — 20, ou seulement a — b — 20, puisque 100 — 100 = 0.

Mais a — b — 20 diffère de a — b, de 20 en moins d'importance ; donc le chiffre dû par ce Compte au Capital est inférieur de 20 à ce qu'il était auparavant, sans que la valeur des Marchandises soit altérée ; donc la somme de celles-là surpasse bien réellement de fr. 20, celle qu'en comporte le Compte.

2e Cas. — Le Compte de Marchandises étant de a — b, devient après l'achat et la vente, égaux entre eux, a + 100 — b — 100, quantité positivement équivalente à la première, étant de nul effet la donnée 100 — 100.

Ainsi le bénéfice de fr. 20, pour un mètre de marchandise qui reste, est laissé en Marchandises, dont l'importance dès lors s'est prossie de fr. 20, sans que le compte des Livres encore ait été modifié de valeur.

Ce n'est point la peine de parler ici des opérations qui se traduisent au pair, puisqu'alors le Capital constant est bien tout à la fois aussi le Capital réel, sans changement qu'une transformation de a -- b en a + c — b — c qui lui est égale, c — c étant de nulle valeur.

Passant donc à la dernière hypothèse, celle où une perte est à essuyer.

Le Compte de Marchandises deviendra successivement de a — b, le résultat du compte, en nommant c le prix d'achat, a + c — b après l'opération, et en faisant p, la perte qui se produit, a + c — b — (c — p), où a + c — b — c + p en réalisant, sans la vente ; d'où éliminant c — c, sans importance, on aura pour résultat a — b + p, qui exprime que la dette acquise au Capital par la Marchandise est de p supérieure à ce qu'elle était avant l'entreprise, sans que la somme des Marchandises soit changée, de sorte qu'elles se trouveront en défaut de p avec le compte qui en est obtenu par suite de ces opérations, perte effective à subir pour le Débit du compte.

C'est donc de part et d'autre la réalisation du bénéfice et de la perte de l'opération dans les Marchandises, indépendamment du compte qu'en reproduisent les Ecritures, état de choses qui se régularise à l'Inventaire, où la somme des Marchandises se fixe d'une manière absolue, pour augmenter ou diminuer le Débit du compte de la différence du résultat d'évaluation sur le résultat fictif qu'il présente, qui par suite se déverse sans transition en retour sur le Capital devenant bien dûment, par ce fait, le Capital réel.

24. MOYEN D'OBTENIR JOURNELLEMENT LA VALEUR APPROXIMATIVE DU CAPITAL RÉEL.

Le Commerçant peut trouver bon de se rendre compte au jour le jour de l'état de ses affaires, ne serait-ce qu'approximativement.

A cet effet, qu'il statue sur le résultat qui s'obtient à chaque opération : l'une aura produit 40 p. 0/0, certaine d'entre elles, 8, telle autre encore, 15, soit à bénéfice soit à perte.

Si maintenant après sommation des faits, on ajoute la donnée acquise en plus ou en moins dans son caractère additif ou soustractif au Capital constant pour la 1re fois et au Capital de résolution trouvé la veille pour les suivantes, en tenant note à part des chiffres réalisés jusqu'au dernier, la situation définitive viendra se confirmer à peu de chose près sur celle qui résultera de l'Inventaire général qu'on effectuera à la fin.

V. — COMPTE GÉNÉRAL DE PROFITS ET PERTES.

25. CAS PARTICULIER DANS LES CARACTÈRES DE L'OPÉRATION.

Il arrive quelquefois que les deux faits de l'opération consacrés par le Débit et le Crédit des Ecritures, ne comportent pas similitude de valeur.

Achetons, par exemple, pour fr. 100 de Marchandise à 5 p. 0/0 d'escompte.

Alors le marché est bien de fr. 100, lorsque la dépense réelle n'est positivement que de fr. 95 : comment faire dans ce cas pour conserver l'exactitude des situations, satisfaire aux exigences de la bonne Comptabilité, et obtenir la Balance du Capital constant, qu'on ne peut altérer ?

26. CE QUI POURRAIT ÊTRE FAIT, DANS CE CAS, S'IL N'Y AVAIT PAS NÉCESSITÉ DE CONSERVER L'INTÉGRALITÉ DES CARACTÈRES DE L'OPÉRATION EN COMPTABILITÉ.

Dans l'opération de fr. 100 d'achat de Marchandises sur 5 p. 0/0 d'escompte, si l'on n'avait pas à tenir compte des faits com-

merciaux avec intégralité, la question se trouverait littéralement ramenée à ceci : J'achète pour fr. 95 de Marchandises, que j'acquitte, situation parfaitement ordinaire.

Mais ce n'est pas d'une opération ou tels caractères seraient annihilés qu'il s'agit ici ; c'est tout au contraire de celle du marché intégralement conservé d'un achat de fr. 100, de Marchandises, pour lequel on ne paie que fr. 95.

27. CE QUI DOIT TOUT SIMPLEMENT S'ÉCRIRE DANS LES CAS PARTICULIERS, QUOIQU'IL EN SOIT AUTREMENT.

Si l'on considère à part le cas d'avoir acheté pour fr. 100, de Marchandises et de ne payer pour cette opération que fr. 95, on écrira comme de juste en conséquence des faits : le Débit de Marchandises est de fr. 100, et le Crédit en compte du remboursement de fr. 95, que ce dernier soit de Caisse, soit d'Effets, soit de Divers, selon qu'on paye au comptant, ou en Espèces, ou avec des Effets, ou bien qu'on le porte en dette.

28. CE QUI EN SERAIT DU CAPITAL EN ÉCRIVANT L'OPÉRATION COMME ELLE SE PRODUIT, DANS LES CAS PARTICULIERS.

Dans l'opération portant fr. 100, en Débit pour achat de Marchandises, et fr. 95, en Crédit pour paiement, à cause d'un escompte de 5 p. 0/0, il est manifeste au premier aperçu que le Capital réel qui résulte de ce chef d'opération est exact, puisqu'il s'augmente de fr. 100, par le premier, et qu'il ne se diminue que de fr. 95, par le second, — conditions au moyen desquelles il se trouve alors supérieur de 100 — 95, ou fr. 5, à la valeur qu'il exprimait précédemment, — bénéfice égal à l'escompte acquis en faveur de l'opération.

Mais que deviendrait, après cela, notre Contrôle de Comptabilité, si nécessaire, déduit de notre Capital constant, indispensable dès lors à cet égard, qui n'existerait plus ? Il n'y en aurait plus de possible.

29. ORIGINE DU COMPTE DE PROFITS ET PERTES.

Voici les faits pour le cas d'un Débit et d'un Crédit qui se rencontrent différents d'importance dans la même opération. Comme il est reconnu que, nonobstant toutefois le résultat à acquérir de l'Inventaire, en reproduisant l'article tel qu'il se présente, dans le cas particulier mis en cause, sur les Comptes Généraux de Commerce, s'obtient régulièrement le Capital réel du résumé de ces comptes mais arrive qu'arrive, par le fait, de la situation des Écritures, quant à la Balance, qui n'est rien moins ici que négligée dans l'espèce ; alors, s'il en est ainsi, de quelle lacune reste-t-il à nous occuper à ce sujet ? — Bien entendu de la dernière seulement, qui nous déshérite par l'effet de cette Balance boiteuse de notre Capital constant, sans lequel le contrôle si facile des opérations devient rempli de difficultés, sinon impraticable.

Pour la combler, on a donné naissance à un compte additionnel général régulateur de Profits et Pertes, sur Débit et Crédit, comme les premières, qui contient les différences complétives, aux mêmes conditions qu'elles se rencontrent dans les circonstances qui les comportent sur les Comptes, pour constituer le Capital constant.

30. COMMENT SE PASSENT LES ÉCRITURES PAR PROFITS ET PERTES.

Dans l'actualité d'une opération qui porte au Débit fr. 100, par suite d'un achat de Marchandises et au Crédit, fr. 95, de résolution, au moyen d'un escompte de 5 p. C0. c'est fr 5 à ajouter au Crédit de Profits et Pertes pour obtenir, avec les fr. 95 portés au Crédit de l'un des autres Comptes Généraux que celui de Marchandises déterminé d'après la nature du remboursement, une somme de Crédit égale au Débit, et conserver le Capital constant.

Or, ces fr. 5 sont l'expression du bénéfice de l'opération, qui, partant adjoints au Capital primitif, — le Capital constant qui se perpétue, — constituent aussi, d'un autre côé é par la conséquence qui résulte des faits, le Capital réel exposé sur les Comptes Généraux de Commerce, — moins toujours encore comme il est établi, ce qui revient à ce Capital en ce qui concerne la part qui lui sera faite en dehors à l'Inventaire.

31. CARACTÈRES DU DÉBIT ET DU CRÉDIT DU COMPTE DE PROFITS ET PERTES SUR LE CAPITAL CONSTANT, POUR OBTENIR LE CAPITAL RÉEL.

Le Compte de Profits et Pertes est le compte régulateur par balance des autres comptes généraux, dont les Crédits ou Crédits résultant par sommation, constituent le Capital. Alors ce qui se trouve au Débit de celui-là provient en substance du Crédit de l'un des autres, qui exprime une diminution sur le Capital, une perte, et, inversement, ce qui est à son crédit s'acquiert également du Débit de certain de ces mêmes autres Comptes, qu'il augmente du bénéfice de l'importance de la donnée.

Ainsi à l'égard de l'obtention du Capital réel au moyen du Compte de Profits et Pertes avec le Capital constant, par opposition de fait, le Crédit, expression du bénéfice, est à ajouter au capital constant, et le débit, caractère de la perte, à retrancher de ce compte, pour parvenir à cette fin, — ce qui est toujours vrai, soit qu'il s'agisse d'une particularité, soit de l'ensemble.

32. LE CAPITAL SE RÉALISE DIRECTEMENT EN DEHORS DU COMPTE DE PROFITS ET PERTES.

Considérant que la raison d'être du Compte de Profits et Pertes se limite à l'objet de conserver intégralement le Capital constant dans les cas particuliers, en dehors de toute influence extérieure à cet office, le Capital réel se réalisera en tout temps sur la différence ou l'ensemble des Débits aux Crédits des Comptes Généraux de Commerce, qui comprend tous les faits, sauf ce qui doit advenir de l'Inventaire pour le compléter,

VI. CONSIDÉRATIONS SUR LES COMPTES.

33. SUBDIVISION DES COMPTES GÉNÉRAUX.

Certaines Maisons subdivisent les Comptes Généraux : elles établissent des comptes de Marchandises particuliers ; elles ferment un compte d'Effets à payer et un compte d'Effets à recevoir ; elles considèrent séparément en Profits et Pertes des frais généraux, des dépenses personnelles, etc. Mais tous ces comptes présentés d'ailleurs séparément sur Débit et Crédit, comme les autres Comptes Généraux, d'où ils prennent naissance, s'assimilent complètement pour la teneur à ceux-là, et quoique distincts entre eux. quant à l'espèce, ne constituent positivement qu'un seul tout de leurs parties.

34. DÉVELOPPEMENT DES COMPTES DES PARTICULIERS CONCOURANT DISTINCTEMENT AVEC LES COMPTES GÉNÉRAUX.

Quelques branches de Commerce comme la Banque, à l'égard desquelles il est nécessaire de connaître à peu près constamment la situation des clients des Maisons avec elles, ont l'usage de se subdiviser aussi le compte de Divers en autant de Comptes particuliers agissant avec les Comptes Généraux, qu'il y a d'individus. C'est, je crois, un abus : multiplier leurs Écritures inutilement et perdre du temps, — sans compter, à cause du mode

de séparation des Comptes en pareil cas, la longue attente qu'il faut subir pour arriver au Contrôle général des Comptes, qui ne peut s'obtenir souvent qu'après un travail laborieux.

35. OPÉRATIONS PARTICULIÈRES.

S'il arrive qu'une Maison travaille à commission, ou négocie en participation, ou bien s'il lui convient d'établir d'une succursale soit instante, soit constante, au dehors, c'est au compte de Divers qu'il échoit de, satisfaire à ces diverses situations, qui du reste elles-mêmes comportent les Comptes particuliers des Écritures qui les concernent.

Il est bien entendu d'ailleurs que toute opération pratiquée au dehors prend date dans les Écritures, aussitôt que la nouvelle en est reçue.

36. COMPTES DES ASSOCIÉS D'UNE MAISON.

Chaque Maison toutefois s'acquiert des nécessités particulières d'Écritures en harmonie avec sa manière de gérer, et rien ne s'oppose ici à ce que toutes les utilisent à leur usage.

Chaque associé d'une Maison s'ouvre un Compte, comme s'il ne s'agissait que d'un simple particulier, les prérogatives devenant nécessairement muettes à ce sujet.

VII. BALANCE ET CONTROLE DES COMPTES DU GRAND-LIVRE ET AUTRES CONTROLES.

37. SITUATIONS INCOMPLÈTES.

Des comptes nécessitent à la clôture qui en est faite, l'adjonction des intérêts acquis sur les données, puis le compte de Marchandises est à compléter au moment de l'Inventaire.

Pour régulariser ces situations, on transcrit individuellement les résultats sur le Brouillard. tirés, les uns des Comptes courants d'intérêts motivés au Grand-Livre, l'autre de l'Inventaire pour ce qui revient à cet égard, qui ramènent, sur les Comptes Généraux du Journal où ils sont transportés, l'équilibre du Capital réel et l'exactitude rigoureuse qui convient aux Comptes particuliers.

38. CONTROLE DES COMPTES DU GRAND-LIVRE ET AUTRES CONTROLES.

Toutes choses s'étant complétées sur les Livres, il résulte dans tous les cas, à la fin comme dans le cours des Écritures des opérations journalières, ce qui se peut d'ailleurs vérifier à tout instant, que la somme réalisée des Débits et des Crédits du Grand-Livre, se trouve parfaitement identique à celle du compte Divers du Journal, d'où ils dérivent.

C'est le contrôle irrécusable des Comptes du Grand-Livre.

Les Écritures du Journal se contrôlent nécessairement entre elles par le moyen du Capital constant.

Mais quand le Brouillard est tenu sur Débit et Crédit des Éléments de Commerce de mutations palpables, alors la différence de l'Actif au Passif qui s'en déduit, correspond chiffre pour chiffre, directement, à la différence de l'Actif au Passif : —

1° Du Journal, en ce qui touche l'ensemble des Comptes de Marchandises, de Caisse et des Effets,

C'est le contrôle du Brouillard et du Journal, l'un par l'autre ;

2° Des données du mouvement des Éléments de la Maison, que comportent les Livres particuliers d'entrée et de sortie des Marchandises de la Caisse et du carnet d'Échéances, qui d'ailleurs eux-mêmes correspondent séparément avec les Comptes Généraux qui en sont tenus au Journal.

C'est le contrôle des Livres du mouvement avec ceux de la Comptabilité spéciale : —

D'où s'obtient, sur l'ensemble, un Contrôle complet et général, du détail et du tout, qui ne laisse rien à désirer, même au point de vue d'une comptabilité parfaitement réglementée.

IV.

ÉTUDE DES FAITS COMMERCIAUX.

PRÉCEPTES.

1. Les Ecritures commerciales supposent la connaissance des Faits dans les caractères de comptabilité qu'ils suscitent.

I. LES FAITS COMMERCIAUX.

2. FAITS COMMERCIAUX ET CONSIDÉRATIONS AUXQUELLES ILS SONT ASSUJETTIS.

En quoi consistent ces Faits ?

A recueillir et concéder sont limités les faits commerciaux. Car acheter et vendre, et payer et recevoir, données deux à deux l'une à l'autre opposées, auxquelles se réduit en substance l'opération commerciale, sont inversement aussi similaires deux à deux dans acheter et recevoir, et vendre et payer, qui constituent d'une part la fonction d'entrée et de l'autre la fonction de sortie des éléments, les deux caractères distincts de toute situation.

Mais l'opération ne s'offre pas toujours aussi simplement. La vente se fait sur remboursement immédiat ou non.

Le remboursement peut ne s'effectuer que de plusieurs sortes d'éléments à l'occasion d'un même payement.

Il se produit des échanges avec compensation.

Puis les opérations sont sujettes à des conditions particulières d'escompte, de délai, et de toute nature.

Il se présente en outre mille autres considérations différentes dans les affaires.

3. ÉTUDE MATÉRIELLE DES FAITS COMMERCIAUX.

Or, l'opération commerciale est à considérer telle qu'elle se présente, simple ou complexe, pour ne la voir point s'altérer dans ses propres caractères.

Mais comment en faire l'Etude ?

Par hypothèse, nous ne connaissons point les faits : alors, prenons au hasard une situation qui se puisse trouver réalisable.

Qu'il s'agisse, par exemple, d'un remboursement.

Remboursement fait à quelqu'un : — Voilà un énoncé général de l'opération.

Maintenant, matérialisons ce fait dans ses détails.

Nous obtiendrons ainsi, je suppose :

Fulton Constantin de Cambrai est venu solder sa dette de fr. 453. »

C'est un exposé particulier du fait dans ses conditions.

Alors, si après cela il peut paraître utile encore d'insister pour rendre plus familière la connaissance du fait, ce qui arrivera quelquefois assurément, qu'on le matérialise de nouveau sur d'autres données, une fois, deux fois, autant de fois qu'il sera nécessaire à cet effet.

Revenir de l'exposé particulier du fait à l'énoncé général, est un exercice radicalement indispensable pour obtenir qu'il soit parfaitement compris. On l'utilisera avec fruit sur l'ensemble de plusieurs exposés pris au hasard, dont on tirera les énoncés qui leur conviennent.

C'est ainsi que cette Etude comprendra pour nous sur chaque opération :

1° Un énoncé général du fait,

Et 2° un exposé particulier modèle, produit de l'énoncé général, où se trouvera matérialisée l'opération dans toutes les données et toutes les conditions qui la caractérisent, — Enoncé et Exposé, destinés à servir d'ailleurs à des exercices supplémentaires du même fait, quand il aura lieu.

II. CARACTÈRES DE COMPTABILITÉ DES FAITS COMMERCIAUX.

4. EN QUOI CONSISTENT LES ÉLÉMENTS DE COMPTABILITÉ DES OPÉRATIONS.

Les Comptes généraux, qui tout embrassent en comptabilité, comportent nécessairement dès lors les éléments de toutes les opérations commerciales, qu'ils s'assujettissent.

C'est donc exclusivement de la Marchandise, de la Caisse, des Effets, du Crédit, du Profit ou de la Perte, les seules attributions des Comptes généraux, qu'il s'agit toujours à cet égard dans les opérations.

5. L'ÉLÉMENT MOTEUR DE L'OPÉRATION.

L'opération commerciale comme tout acte, est l'objet d'un Moteur de sa raison d'être.

Vous recueillez de la marchandise, d'une part, et vous concéder des fonds, d'autre part : la marchandise et les fonds sont alors les Moteurs des opérations qu'on effectue.

Cependant maintes circonstances sont susceptibles de rendre l'opération complexe.

Soit qu'il s'agisse d'acquisitions ou de remboursements composés ;

Soit même qu'il y ait complication d'opérations dans le fait proposé.

Mais le cumul d'éléments divers, soumis même à des acceptions différentes, ne saurait jamais présenter de difficultés, sinon celle de distinctions qu'il est toujours facile d'établir entre eux, sur leur unité respective d'action.

Quoi qu'il en soit,

Sans s'occuper autrement à ce sujet des éléments divers qui

5

la composent, les données qui apparaissent comme cause première de l'opération entre tous, déterminent bien réellement les Moteurs demandés.

6. RECHERCHE DU MOTEUR DE L'OPÉRATION.

Vous faites une vente, c'est un achat pour qui contracte avec vous.

Vous payez quelqu'un, c'est recevoir pour qui recueille.

Une chose n'est telle, à cet égard qu'en se mettant en lieu et place de celui qui l'exerce.

Cela posé,

Sur l'exposé du fait établi, — si l'on se place au point de vue de la maison qui procède, — en se reportant à l'ensemble des éléments généraux pour se fixer sur l'application à produire parmi eux dans la recherche qui se pratique, — c'est toujours en présence de la question : — DE QUOI S'AGIT-IL ? — qu'on se trouve, à l'effet d'obtenir le Moteur de l'opération, — demande dont la réponse alors est évidemment appelée à sortir sans nuage et sans peine.

On a vendu un sac de café.

Demande. — DE QUOI S'AGIT-IL ? —

Ce qui équivaut en substance à — De quel élément général de Comptabilité est-il parlé à ce sujet ?

Réponse. — De la Marchandise qui est le Moteur du fait.

Mais est-il donc bien nécessaire de déterminer le Moteur de l'opération ?

Cette donnée est indispensable pour l'Étude, puisque c'est sur elle que reposent les caractères de comptabilité de l'opération.

7. CARACTÈRES DE COMPTABILITÉ DES ÉLÉMENTS DE L'OPÉRATION COMMERCIALE.

L'élément commercial, dans son caractère double et opposé d'effets, — d'avances qui prescrivent le recouvrement, d'entrée de l'objet dans un lieu, qui suppose la sortie d'une valeur égale d'un autre, — s'offre tout à la fois en deux camps, de pareille importance, mis en présence, pris en sens contraires :

Celui du Débit, pour ce qui arrive, qu'on reçoit ;

Celui du Crédit, pour ce qui disparaît :

Qui se contrebalancent, par suite, dans leur action réciproque.

Vous achetez, admettons, de la marchandise que vous payez aussitôt ; c'est un élément que vous recueillez pour un prix, d'une part, et de l'argent que vous délivrez pour en solder le chiffre, d'autre part.

Or, les Écritures de comptabilité sont l'image des faits.

La marchandise reçue et l'argent déboursé à l'occasion d'un achat fait au comptant sans reliquat, ce qui constitue un équilibre parfait d'opposition dans les deux acceptions opposées de la même valeur en son entrée et sa sortie sur le même fait : voilà donc les caractères de comptabilité à considérer dans cette opération.

Et cette situation se reproduit littéralement telle dans toutes les autres.

8. DÉTERMINATION DES CARACTÈRES DE COMPTABILITÉ DES DEUX TERMES OPPOSÉS DE L'OPÉRATION.

Si c'est aux caractères de Débit et de Crédit que se limitent ceux des éléments commerciaux ;

Si le Débit et le Crédit constituent les effets uniques et invariables de la Comptabilité ;

Si, d'ailleurs, le Débit exprime ce qui entre, qu'on doit, et le Crédit, ce qui sort, dont il se faut récupérer :

Que l'on suppose l'élément de l'opération mis en demeure,

A LA QUESTION : — *Entre-t-il* ou *sort-il* ? — s'obtiendra la réponse déterminative du Débit ou du Crédit qu'il doit subir au compte général dont il dépend ;

ET A LA QUESTION : — *D'où vient-il* ou bien *où va-t-il* ? — Celle de l'action contraire qu'il produit sur le compte général adverse.

Vous venez de faire pour fr. 25, de dépenses.

Le Moteur est ici l'argent.

Entre-t-il ou *sort-il* ? — Il sort, c'est alors au Crédit de la Caisse qu'il se trouve.

Quel compte augmente-t-il ? — Celui de la perte, puisqu'il s'agit de frais, ainsi cet argent est au Débit de Profits et Pertes.

D'ailleurs, ces questions s'énoncent comme on le juge à propos, dès lors que le sens n'en est point altéré.

C'est ainsi, d'après ce résultat, que comme deux termes opposés caractérisent l'opération, deux comptes généraux contraires se trouvent littéralement en supporter les effets.

Il suit de là aussi que, l'un d'eux occupant une position donnée, l'autre se voit inévitablement accepter la situation inverse qui lui est restée libre.

9. EXPRESSION DES CARACTÈRES DE COMPTABILITÉ DES ÉLÉMENTS.

Tout élément de l'opération commerciale comporte Débit et Crédit.

C'est une situation générale pour tous.

En conséquence,

DOIT *Tel à Tel* — est l'expression constante de tous les éléments de comptabilité, — qui devient plus simplement — *Tel à Tel*, en se conformant à l'usage.

APPLICATIONS.

1.

FAIT.

Énoncé. Inventaire de la Maison.

Exposé. (1er janvier 1861.) L'Inventaire de la maison s'élève, au 31 décembre 1860, pour l'actif, en Marchandises et en propriétés à fr. 130000, en Espèces à fr. 60000, en Effets à recevoir à fr. 15000, et en Débiteurs à fr. 15000. — et pour le Passif, en Effets à payer à fr. 13000, et en Créanciers à fr. 7000.

ÉTUDE.

1° *De quoi s'agit-il ?* — De Marchandises et de Propriétés, d'Espèces, d'Effets à recevoir et à payer, et de créances acquises du dehors par la maison et d'elle au dehors.

2° *Entrent-ils ou sortent-ils ?* — Tout ce qui est actif entre comme élément composant, et tout ce qui est passif sort comme élément déductif ; alors, les données de la première acception sont au Débit, et celles de la seconde au Crédit, sur les comptes généraux.

3° *D'où viennent-ils et où vont-ils ?* — Du Capital et au Capital, qu'ils représentent dans leurs comptes respectifs :

C'est à cause de cela que les deux termes de l'opération de l'Inventaire en son simple résultat, limitée à une simple constatation dans l'espèce, se confondent en un au point de vue de la Comptabilité, parce qu'il ne s'opère aucun déplacement en ce qui concerne les comptes généraux à l'occasion du Débit et du Crédit compensateurs l'un de l'autre, qui se rencontrent tels partout ailleurs qu'en ce cas particulier.

2.

FAIT.

Énoncé. Remise de fonds chez le Banquier.

Exposé. (2 janvier 1861.) Versement fait chez Brame Emmanuel, banquier à Paris de fr. 50000, dont fr. 40000 en Billets de banque, et fr. 10000 en Espèces.

ÉTUDE.

1° *De quoi s'agit-il ?* — De fonds.

2° *Entrent-ils ou sort-ils ?* — Ils sortent, c'est au Crédit de la Caisse.

3° *A qui parviennent-ils ?.* — A Brame, c'est à son Crédit.

3.

FAIT.

Énoncé. Achats d'objets pour le Bureau et le Magasin.

Exposé. (2 janvier 1861.) On a acheté au comptant chez plusieurs marchands pour fr. 300 de fournitures de Bureau et fr. 200 d'ustensiles de Magasin.

ÉTUDE.

1° *De quoi s'agit-il ?* — De fonds.

2° *Entrent-ils ou sortent-ils ?* — Ils sortent, c'est au Crédit de la Caisse.

3° *Que chargent-ils ?* — Profits et Pertes, comme dépenses de Maison, c'est au Débit de ceux-là.

4.

Fait.

Énoncé. Vente de plusieurs sortes de Marchandises au même acquéreur.
Exposé. (2 Janvier 1861.) Frémont Constant de Neuilly, nous a acheté 3 pièces de vin de Champagne, FC, n°s 18, 19 et 20, de 200 litres chacune, à fr. 400, la pièce, et 2 fûts de Cognac, F, n°s 348 et 407, de 200 litres l'un, à fr. 700 le fût, valeur payable à 2 mois de délai.

Étude.

1° *De quoi s'agit-il ?* — De Marchandises.
2° *Entrent-elles ou sortent-elles ?* — Elles sortent, c'est au Crédit de Marchandises.
3° *A qui sont-elles acquises ?* — A l'acheteur, c'est donc au Débit de Frémont.

5.

Fait.

Énoncé. — Un créancier se fait acquitter de ce qui lui est dû par la maison.
Exposé. — (3 Janvier 1861.) On doit fr. 1500, à Bontemps Firmin de Rennes, qu'on solde en Espèces.

Étude.

1° *De quoi s'agit-il ?* — D'espèces.
2° *Entrent-elles ou sortent-elles ?* — Elles sortent, alors c'est au Crédit de la Caisse.
3° *A qui sont-elles remises ?* — A Bontemps, ainsi c'est au Débit de Bontemps.

6.

Fait.

Énoncé. — Vente à bref délai sur escompte.
Exposé. — (3 Janvier 1861.) On a vendu à Champfleury Alphonse de Fontainebleau, 4 pièces d'Armagnac, CA, n°s de 25 à 28, de 150 litres chacune, à fr. 400, la pièce, et une futaille de vin du Rhin, 1K, n° 29, de 400 litres, de fr. 450, valeur remboursable à 8 jours de délai, avec escompte de 6 p. 0/0.

Étude.

1° *De quoi s'agit-il ?* — De Marchandises.
2° *Entrent-elles ou sortent-elles ?* — Elles sortent, c'est au Crédit de la Marchandise.
3° *A qui vont-elles ?* — A Champfleury pour l'importance recouvrable de la vente, et à Profits et Pertes pour l'escompte à déduire, c'est alors au débit de ces derniers en ce qui les concerne particulièrement.

7.

Fait.

Énoncé. — Vente à terme d'un seul article.
Exposé. — (3 Janvier 1861.) Welmar Florentin de Strasbourg nous a acheté une Caisse de savon, W, n° 135, de 120 kil., à fr. 200, les 0/0 kilog., payable à 28 jours.

Étude.

1° *De quoi s'agit-il ?* — De Marchandise.
2° *Entre-t-elle ou sort-elle ?* — Elle sort, c'est au Crédit de la Marchandise.
3° *A qui va-t-elle ?* A Welmar, c'est à son Débit.

8.

Fait.

Énoncé. — Prêt d'argent à une connaissance.
Exposé. (3 Janvier 1861.) Fortin Paul d'Avignon est venu nous emprunter fr. 3000.

Étude.

1° *De quoi s'agit il ?* De Fonds.
2° *Entrent-ils ou sortent-ils ?* — Ils sortent, c'est au Crédit de la Caisse.
3° *Aux mains de qui vont-ils ?* — A celles de Fortin, alors c'est au Débit de Fortin.

9.

Fait.

Énoncé. — Achat à terme de plusieurs sortes de Marchandises au même individu.

Exposé. (4 Janvier 1861.) Sévin Charles de Mende à vendu à la maison 6 Barriques de vin de St. Georges, SC, n°s de 33 à 38, de 225 fr. Litres chacune, à fr. 500, la Barrique, et 10 Pièces de vin de Médoc, SV, n°s de 44 à 53, de 200 Litres l'une, à fr. 400, la pièce, valeur payable à 3 mois.

Étude.

1° *De quoi s'agit-il ?* — De Marchandises.
2° *Entrent-elles ou sortent-elles ?* — Elles entrent, c'est alors au Débit de Marchandises.
3° *De qui proviennent-elles ?* — De Sévin, c'est donc au Crédit de Sévin.

10.

Fait.

Énoncé. — A-compte reçu sur une Créance.
Exposé. — (4 Janvier 1861.) Duchatel Pierre de Colmar remet fr. 4000. d'à-compte sur sa créance due à la maison.

Étude.

1° *De quoi s'agit-il ?* — De fonds.
2° *Entrent-ils ou sortent-ils ?* — Ils entrent, c'est au Débit de la Caisse.
3° *De qui proviennent-ils ?* — De Duchatel, c'est aolrs au Crédit de celui-ci.

11.

Fait.

Énoncé. — Achat de Marchandises au comptant sur escompte.
Exposé. — (4 Janvier 1861.) Richard Florimond de Stuttgard nous a vendu 25 Pièces de vin du Rhin, RF, n°s de 1 à 25, de 450 litres chacune, à fr. 80, la pièce, au comptant, avec escompte de 2 pr. °/°.

Étude.

1° *De quoi s'agit-il ?* — De Marchandises.
2° *Entrent-elles ou sortent-elles ?* — Elles entrent, c'est au Débit de Marchandises.
3° *D'où proviennent-elles ?* — De la Caisse, qui a soldé Richard, pour la valeur recouvrable, et de Profits et Pertes, que l'escompte concerne.

12.

Fait.

Énoncé. — Remise de fonds par le Banquier.
Exposé. — (4 Janvier 1861.) Brame Emmanuel de Paris nous a remis fr. 9000.

Étude.

1° *De quoi s'agit-il ?* — De fonds.
2° *Entrent-ils ou sortent-ils ?* — Ils entrent, c'est au Débit de la Caisse.
3° *De qui proviennent-ils ?* — De Brame, alors c'est au Crédit de ce dernier.

13.

Fait.

Énoncé. Achat de Marchandises à terme.
Exposé. (4 Janvier 1861.) Duchatel Pierre de Colmar, nous a vendu 80 pièces de vin de Beaune, D P, n°s de 21 à 100, de 120 Litres chacune, à fr. 60, la pièce, sur 4 mois de Crédit.

Étude.

1° *De quoi s'agit-il ?* — De Marchandises.
2° *Entrent-elles ou sortent-elles ?* — Elles entrent, c'est au Débit de la Marchandise.
3° *De qui proviennent-elles ?* — De Duchatel, et c'est partant au Crédit de celui-ci.

14.

Énoncé. Payement d'octroi pour Marchandises.
Exposé. (4 Janvier 1861.) On a payé au receveur de l'octroi l'entrée de 44 pièces de vin de Beaune, C F, n°s de 15 à 25, de 420 Litres chacune, à fr. 60, la pièce, plus un timbre de fr. 0, 25, de cette manière : fr. 200, 25 en Espèces, et fr. 240, au moyen d'un Bon à vue sur Brame Emmanuel de Paris, échangé à un tiers.

Étude.

1° *De quoi s'agit-il ?* — D'Espèces et d'un Bon.
2° *Entrent-ils ou sortent-ils ?* — Ils sortent tous deux, c'est au Crédit de la Caisse pour les Espèces et de Brame pour le Bon.
3° *A quel compte reviennent ces dépenses ?* — Au compte des Marchandises, sur lesquelles elles incombent, c'est à leur Crédit.

15.

FAIT.

Énoncé. — Vente de Marchandises sur payement avec un Effet.

Exposé. — (5 Janvier 1861.) On a vendu à Desaintfussien Louis de Vannes 10 pièces de Vin de Bourgogne, D, n^{os} de 7 à 12 et de 20 à 23, de 130 Litres l'une, à fr. 150, la pièce, sur paye- ment en un Billet à notre ordre, créé par lui ce jour, à terme le 3 Avril prochain de l'importance de son achat.

ÉTUDE.

1° *De quoi s'agit-il ?* — De Marchandises.
2° *Entrent-elles ou sortent-elles ?* — Elles sortent, c'est au Crédit de la Marchandise.
3° *A qui sont-elles acquises ?* — A Desaintfussien qui les solde en son Billet, c'est donc au Débit des Effets.

16.

FAIT.

Énoncé. — Marchandise mise en consommation pour l'usage de la maison.

Exposé. (5 Janvier 1861.) On vient de mettre en consommation pour l'usage de la maison une pièce de vin de Bourgogne, RF, n° 18, de 150 Litres, évaluée fr. 160.

ÉTUDE.

1° *De quoi s'agit-il ?* — De la Marchandise.
2° *Entre-t-elle ou sort-elle ?* — Elle sort pour l'usage de la maison, c'est au crédit de la Marchandise.
3° *A qui profite-t-elle ?* — A la maison comme dépense, c'est au Débit de Profits et Pertes.

17.

FAIT.

Énoncé. Escompte d'un Effet par obligeance.

Exposé. (6 Janvier 1861.) La maison a escompté à Colomb Prosper de Cette par obligeance un Billet de Marcellin Jacques de Paris, créé ce jour à l'ordre du 1er, et payable le 27 avril prochain, de fr. 6000, qu'elle a remboursés, intérêts déduits à 5 pour0/0, en notre Bon à vue sur Brame Emmanuel de Paris, à l'ordre de Colomb.

ÉTUDE.

1° *De quoi s'agit-il ?* — D'un Effet.
2° *Entre-t-il ou sort-il ?* — Il entre, c'est au Débit des Effets.
3° *Qu'affecte-t-il ?* — Brame pour notre Bon à vue, sur lui, de la valeur actuelle de l'Effet, et Profits et Pertes à l'occasion des intérêts déduits ; c'est donc au crédit de ces comptes en ce qui les concerne individuellement.

18.

FAIT.

Énoncé. Payement de deux Créances distinctes.

Exposé. (6 Janvier 1861.) On a payé la valeur de leurs créances dues par la maison, à Favart Emile de Poix de fr. 2000, et à Ricbourg Stanislas de Vron de fr. 500.

ÉTUDE.

1° *De quoi s'agit-il ?* — D'Espèces.
2° *Entrent-elles ou sortent-elles ?* — Elles sortent, c'est alors au Crédit de la Caisse.
3° *A qui vont-elles ?* — A Favart et à Ricbourg : c'est donc au Débit de ces derniers.

19.

FAIT.

Énoncé. Remises de fonds sur Créances dues à la maison.

Exposé. (7 Janvier 1861.) On a reçu de Duchatel Pierre de Colmar fr. 2000, pour reliquat de sa créance acquise à la maison, et de Carton Alfonse de Neufchatel un à-compte de fr. 4100, sur ce qu'il doit.

ÉTUDE.

1° *De quoi s'agit-il ?* — De Fonds.
2° *Entrent-ils ou sortent-ils ?* — Ils entrent, c'est donc au Débit de la Caisse.
3. *De qui proviennent-ils ?* — De Duchatel et de Carton, ainsi c'est au Crédit de ceux-là.

20.

FAIT.

Énoncé. Acquis de la valeur d'une Marchandise vendue sur Escompte.

Exposé. (8 Janvier 1861.) Champfleury Alfonse de Fontaine- bleau est venu acquitter sa créance acquise à la maison de fr. 1927, importance résultante de la vente de marchandise qu'on lui a faite le 2 courant sur escompte.

ÉTUDE.

1° *De quoi s'agit-il ?* — D'Espèces.
2° *Entrent-elles ou sortent-elles ?* — Elles entrent, dès lors c'est au Débit de la Caisse.
3° *De qui proviennent-elles ?* — De Champfleury, c'est donc à son crédit.

21.

FAIT.

Énoncé. Plusieurs Effets acquis par la maison sur diverses déductions.

Exposé. (8 Janvier 1861.) Duchatel Pierre de Colmar nous a remis deux Effets à son ordre : l'un de Conin Etienne de Lille, créé le 8 Novembre 1860 et payable le 19 Décembre 1861 de fr. 600, et l'autre de Delambre Isidore de Toulouse, créé le 16 Décembre 1860 et à terme le 24 Juillet 1861 de fr. 500, sur déduction d'intérêts à 6 p. 0/0, de commission de 1/4 p. 0/0 et de change de place de 1/3 p. 0/0.

ÉTUDE.

1° *De quoi s'agit-il ?* — D'Effets.
2° *Entrent-ils ou sortent-ils ?* — Ils entrent, alors c'est au Débit des Effets.
3° *De qui proviennent-ils ?* — De Duchatel sur déductions ; ainsi l'article est à son crédit pour l'importance actuelle des Effets et au Crédit de Profits et Pertes pour les déductions des Intérêts, de la commission et du change de Place.

22.

FAIT.

Énoncé. — Reçu par la maison un Billet de Banque contre créance et Espèces.

Exposé. — (9 Janvier 1861.) Nous avons reçu de Dupuis Joseph de Laon un Billet de Banque de fr. 5000, contre la créance qui nous est acquise sur lui de fr. 3600, et nous lui remettons la différence en Espèces.

ÉTUDE.

1° *De quoi s'agit-il ?* — D'un Billet de Banque, objet de la Caisse.
2° *Entre-t-il ou sort-il ?* — Il entre, l'article est au Débit de la Caisse.
3° *De qui provient-il ?* — De Dupuis Joseph contre sa créance qu'il nous acquitte et les espèces que nous lui donnons ; alors c'est au Crédit de Dupuis, d'une part, et à la Caisse, de l'autre.
Observation. On aurait pu ne considérer ici que l'acquit de la créance, mais l'intégralité des caractères de l'opération se serait trouvée altérée.

23.

FAIT.

Énoncé. — Négociation d'un Effet par la maison au dehors, contre Espèces sur Déductions.

Exposé. — (10 Janvier.) La Maison a négocié à Breton Jules de Caen, le Billet de Verdeau Jean de Colmar, à mon ordre, créé le 15 décembre 1860, payable le 20 juin 1861, de fr. 10000, sur intérêts à 4 p. 0/0, commission de 1/4 p. 0/0 et change de place de 1/2 p. 0/0, et la valeur actuelle du Billet nous a été comptée.

ÉTUDE.

1° *De quoi s'agit-il ?* — D'un Billet.
2° *Entre-t-il ou sort-il ?* — Il sort, alors c'est au Crédit des Effets.
3° *A qui va-t-il ?* — A la Caisse pour les Espèces reçues de Breton qui est nanti du Billet et à Profits et Pertes pour les déductions.

24.

FAIT.

Énoncé. — Port et affranchissement d'objets.

Exposé. — (10 janvier 1861.) Nous avons payé pour port d'échantillons au dehors fr. 15, et pour affranchissement de colis adressés au voyageur de la Maison, fr. 20.

ÉTUDE.

1° *De quoi s'agit-il ?* — D'Espèces.
2° *Entrent-elles ou sortent-elles ?* — Elles sortent, donc c'est au Crédit de la Caisse.

3° *Sur quoi incombent ces dépenses ?* — Ce sont des frais généraux de commerce, alors l'article est au Débit de Profits et Pertes.

25.

FAIT.

Énoncé. — Achats d'actions

Exposé. — (10 janvier 1861.) La Maison a acheté au comptant 3 Actions du chemin de fer de Strasbourg, de fr. 1000, chacune.

ÉTUDE.

1° *De quoi s'agit-il ?* — D'actions, à considérer comme Marchandise, puisqu'elles comportent également Profit ou Perte en négociation.

2° *Entrent-elles ou sortent-elles ?* — Elles entrent, c'est au Débit de la Marchandise qu'elles se trouvent.

3° *Quoi les procure ?* — La Caisse, qui les a payées, alors c'est le Crédit de la Caisse qu'elles affectent.

26.

FAIT.

Énoncé. — Effet reçu sur déductions d'intérêts, de commission, et de change de Place.

Exposé. — (11 janvier 1861.) Bontemps Firmin de Rennes nous a remis un Billet de Crampon Sylvestre de Fécamp, à son ordre, créé le 25 décembre 1860 et payable le 21 juillet 1861, de fr. 2000, sur déduction des intérêts à 5 p. 0/0, d'une commission de 1/4 p. 0/0 et d'un change de place de 1/2 p, 0/0.

ÉTUDE.

1° *De quoi s'agit-il ?* — D'un Billet.

2° *Entre-t-il ou sort-il ?* — Il entre, c'est au Débit des Effets.

3° *De qui provient-il ?* — De Bontemps sur Déductions, alors c'est au Crédit de ce dernier et de Profits et Pertes en ce qui les concerne.

27.

FAIT.

Énoncé. — Remise par la Maison d'un Effet et d'Espèces pour l'acquit d'une créance sur elle.

Exposé. — (12 janvier 1861.) Nous avons remis à Cardon Jacques de Nantes le Billet de Crampon Sylvestre de Fécamp, à l'ordre de Bontemps Firmin de Rennes de qui nous le tenons, créé le 25 décembre 1860 et payable le 21 juillet 1861, de fr. 2000, sur déduction des intérêts à 4 p. 0/0, et du change de place à 1/3 p. 0/0, pour acquit de sa créance sur nous de fr. 3000, d'après Inventaire.

ÉTUDE.

1° *De quoi s'agit-il ?* — D'un Billet et de fonds.

2° *Entrent-ils ou sortent-ils ?* — Ils sortent, c'est au Crédit des Effets et de la Caisse.

3° *Où vont-ils ?* — A Cardon quant à l'importance actuelle de l'Effet et quant aux fonds, et à Profits et Pertes pour les déductions auxquelles le Billet donne lieu ; c'est donc au Débit de ceux-là.

28.

FAIT.

Énoncé. — Vente de Marchandises diverses, payables à différentes époques, avec remise Espèces sur l'une d'elles.

Exposé. — (12 janvier 1861.) Bontemps Firmin de Rennes, a acheté à la Maison 2 pièces d'Armagnac, B, n° 2 et 3, de 215 litres chacune, à fr. 400 la pièce, avec un délai de payement fixé au 15 avril 1861, et 10 Caisses de savon, BF, n° de 80 à 89, pesant chacune 120 kilog., à fr. 200 les 0/0 kilog., payables au 7 Mars 1861, pour la partie restante de cette dernière, sur un à-compte de fr. 500, reçu comptant.

ÉTUDE.

1° *De quoi s'agit-il ?* — De Marchandises et d'Espèces.

2° *Entrent-elles ou sortent-elles ?* — La Marchandise sort et les Espèces entrent ; c'est donc au Crédit de la Marchandise pour ce qui la concerne et au Débit de la Caisse pour les Espèces.

3° *A qui va la Marchandise et de qui proviennent les fonds ?* — La Marchandise est acquise à Bontemps, et c'est de Bontemps que sont les Espèces ; alors la 1re est au Débit de Bontemps et les Espèces, à son Crédit.

29.

FAIT.

Énoncé. — Emprunt fait par la Maison.

Exposé. — (12 janvier 1861.) Bernaut Jérôme d'Aubusson nous a prêté fr. 2500.

ÉTUDE.

1° *De quoi s'agit-il ?* — De Fonds.

2° *Entrent-ils ou sortent-ils ?* — Ils entrent ; c'est au Débit de la Caisse.

3° *De qui proviennent-ils ?* — De Bernaut, c'est donc au Crédit de Bernaut.

30.

FAIT.

Énoncé. — Créance due par la Maison, acquittée par un tiers.

Exposé. — (14 janvier 1861.) Carton Alphonse, de Neufchatel, nous a présenté l'acquit de la créance de Bernaut Jérôme d'Aubusson sur nous, de fr. 2500 que nous l'avions chargé d'acquitter, et dont il se trouve rempli sur sa propre dette à la Maison de fr. 1300, et par la somme de fr. 1200 que nous lui avons remise.

ÉTUDE.

1° *De quoi s'agit-il ?* — De la créance de Bernaut, objet du Crédit, caractère du compte divers.

L'importance de cette créance entre-t-elle ou sort-elle ? — Elle entre, alors c'est au Débit de Bernaut.

3° *Dou provient-elle ?* — De la dette acquittée de Carton et des Espèces que nous lui avons remises ; donc c'est au Crédit de Carton pour sa dette et de la Caisse pour les Espèces délivrées.

31.

FAIT.

Énoncé. — Acquit d'un Effet dû à la Maison.

Exposé. — (15 janvier 1861.) On est venu acquitter l'Effet de Quémin (Victor) de Rennes, créé à mon ordre, payable ce jour à notre domicile de fr. 5000.

ÉTUDE.

1° *De quoi s'agit-il ?* — D'Espèces.

2° *Entrent-elles ou sortent-elles ?* Elles entrent, c'est au Débit de la Caisse.

3° *De quoi provient-elles ?* — De l'Effet Quémin qu'on acquitte, alors c'est au Crédit des Effets.

32.

FAIT.

Énoncé. — Négociation d'Effets chez le Banquier de la Maison.

Exposé. — (15 Janvier 1861.) La Maison a négocié à Brame Emmanuel de Paris, deux Effets à l'ordre de Duchatel Pierre de Colmar, l'un créé par Conin Etienne de Lille, du 8 novembre 1860, payable le 19 décembre 1861 de fr. 600, l'autre par Delambre Isidore de Toulouse, du 16 décembre 1860, payable le 24 juillet 1861, de fr. 500, sur déduction des intérêts à 5 p. 0/0, d'une commission de 1/4 p. 0/0 et du change de Place de 1/2 p. 0/0.

ÉTUDE.

1° *De quoi s'agit-il ?* — D'Effets.

2° *Entrent-ils ou sortent-ils ?* — Ils sortent, alors c'est au Crédit des Effets.

3° *A qui sont-ils acquis ?* — A Brame sur déductions, donc c'est au Débit de Brame et de Profits et Pertes, en ce qui les concerne séparément.

33.

FAIT.

Énoncé. — Disparition d'un Billet de banque de la Caisse.

Exposé. — (16 Janvier 1861.) Un Billet de banque de fr. 1000, à disparu de la Caisse.

ÉTUDE.

1° *De quoi s'agit-il ?* — D'un élément de la Caisse.

2° *Entre-t-il ou sort-il ?* — Il sort, c'est donc au Crédit de la Caisse.

3° *Où va-t-il ?* — A Frais généraux comme Perte, alors c'est au Débit de Profits et Pertes.

34.

FAIT.

Énoncé. — Marchandises reçues que nous devons vendre à commission.

Exposé. — (16 Janvier 1861.) Champfleury Alphonse de Fontainebleau a expédié à la Maison 10 tonneaux de vin de

Bordeaux, C. n°˚ de 27 à 36, de 215 litres chacun, que nous devons vendre pour son compte, sur commission à 5 p. 0/0, et nous avons payé fr. 50 pour frais d'arrivage.

Étude.

1° *De quoi s'agit-il ?* — De Marchandises.
2° *Entrent-elles ou sortent elles?* — Elles entrent sur frais, donc elles sont au Débit de Marchandises et les frais au Débit de la Caisse.
3° *De qui proviennent-elles et sur qui incombent les frais ?* — Elles sont de Champfleury et c'est lui qui occasionne les frais : ainsi les Marchandises sont-elles au Crédit de Champfleury et les frais à son Débit.

35.

Fait.

Énoncé. — Vente d'un immeuble.
Exposé. — (16 Janvier 1861.) Nous avons vendu par le ministère de M° Ricart notaire à Lunel, à Martinet Armand Propriétaire à Melun, une Maison sise à Lunel, rue des Tombeaux, n° 25, moyennant la somme de fr. 6000, dont 4000 payables le 25 Janvier courant, de fr. 2000 le 18 Février prochain.

Étude.

1° *De quoi s'agit-il ?* — D'une propriété, qu'il convient d'assimiler à la Marchandise, comme tout ce qui se vend et s'achète sur bénéfice à réaliser.
2° *Entre-t-elle ou sort-elle ?* — Elle sort, c'est au Crédit de la Marchandise.
3° *À qui est-elle acquise?* A Martinet, en conséquence c'est au Débit de ce dernier.

36.

Fait.

Énoncé. — Vente de Marchandises à terme.
Exposé. — (16 Janvier 1861.) On a vendu à Pointin Albéric de Clermont 8 pièces d'Armagnac. PA, n°˚ de 12 à 19, de 300 litres chacune, à fr. 390 la pièce, valeur payable au 15 Juillet prochain.

Étude.

1° *De quoi s'agit-il ?* — De Marchandises.
2° *Entrent-elles ou sortent-elles ?* — Elles sortent, c'est partant au Crédit des Marchandises.
3° *À qui vont-elles ?* A Pointin, donc c'est à son Débit.

37.

Fait.

Énoncé. — Marchandises expédiées par la Maison pour vente à commission.
Exposé. — (17 Janvier 1861.) Il a été expédié à Desaintfussien Louis de Vannes, 5 tonneaux de vin de Champagne, RZ, n°˚ de 1 à 5, de 215 litres chacun, qu'il doit vendre pour le compte de la Maison à 6 p. 0/0 de commission.

Étude.

1° *De quoi s'agit-il ?* — De Marchandises.
2° *Entrent-elles ou sortent-elles?* Elles sortent, et par suite elles sont au Crédit de Marchandises.
3° *À qui vont-elles?* — A Desaintfussien pour vente à commission ; c'est donc au Débit de Desaintfussien qu'elles sont, quoique conditionnellement.

38.

Fait.

Énoncé. — Acquit d'une créance avec des Effets.
Exposé. — (18 Janvier 1861.) Martinet Armand de Melun vient s'acquitter du prix de la Maison que nous lui avons vendue à Lunel, au moyen de deux Effets créés par lui à notre ordre, payables, l'un, au 25 Janvier courant de fr. 4000, l'autre au 18 Février prochain de fr. 2000, conformément à la convention faite entre nous.

Étude.

1° *De quoi s'agit-il?* — D'Effets.
2° *Entrent-ils ou sortent-ils ?* — Ils entrent, c'est au Débit des Effets.
3° *De qui proviennent-ils?* — De Martinet, c'est donc à son Crédit.

39.

Fait.

Énoncé. — Achat d'un Immeuble.

Exposé. — (18 Janvier 1861.) Nous avons acheté à Leduc Germain de Paris, un Jardin d'agrément, à Issy, pour fr. 3250 que nous devons payer à 3 mois de délai.

Étude.

4° *De quoi s'agit-il ?* — D'un immeuble à considérer comme Marchandise.
2° *Entre-t-il ou sort-il ?* — Il entre, c'est au Débit de Marchandise.
3° *De qui provient-il ?* — De Leduc, alors c'est au Crédit de celui-ci.

40.

Fait.

Énoncé. — Traite par virement.
Exposé. — (18 Janvier 1861.) Nous autorisons Leduc Germain de Paris, à faire traite pour notre compte à 3 mois de date de fr. 3250, valeur en recouvrement du jardin que nous lui avons acheté, sur Desaintfussien (Louis), de Vannes, que nous prévenons à cet égard.

Étude.

1° *De quoi s'agit-il ?* — D'une Créance.
2° *Entre-t-elle ou sort-elle ?* — Elle sort de la Maison de Desaintfussien ; donc c'est au Crédit de Desaintfussien.
3° *À qui va-t-elle ?* — A Leduc, c'est à son Débit.

41.

Fait.

Énoncé. — Achat pour le compte de la Maison.
Exposé. — (18 Janvier 1861.) D'après sa lettre de ce jour, Jussieu Alfred de Liomer, a acheté pour le compte de la Maison 100 tonnes d'huile de colza, JA, n°˚ de 1 à 100, de 50 litres chacune, à fr. 93,25 la tonne, avec frais divers de fr. 66,48 et commission d'achat de 2 p. 0/0, sur remboursement par nous en sa traite, de l'importance du marché, à son ordre, de ce jour, payable le 16 mai prochain.

Étude.

1° *De quoi s'agit-il ?* — De Marchandises.
2° *Entrent-elles ou sortent-elles ?* — Elles entrent, c'est au Débit de Marchandises.
3° *De qui proviennent-elles ?* — De Jussieu au compte de la Maison contre sa traite sur nous, alors c'est au Crédit des Effets.

42.

Fait.

Énoncé. — Remise faite à la Maison.
Exposé. — (18 janvier 1861.) Pointin Albéric de Clermont nous a remis sa traite sur Gosselin Clément de Paris, du 2 janvier courant, payable le 15 mai prochain, de fr. 3000, sur déduction des intérêts à 6 p. 0/0 et de la commission à 2 p. 0/0.

Étude.

1° *De quoi s'agit-il ?* — D'un Effet.
2° *Entre-t-il ou sort-il ?* — Il entre, c'est au Débit des Effets.
3° *De qui provient-il ?* — De Pointin, sur déductions, par conséquent, c'est au Crédit de Pointin pour la valeur réelle et de Profits et Pertes pour les frais.

43.

Fait.

Énoncé. — Argent remis par le Banquier.
Exposé. — (18 janvier 1861.) Nous avons reçu fr. 1000, de Brame Emmanuel de Paris.

Étude.

1° *De quoi s'agit-il ?* — D'Espèces.
2° *Entrent-elles ou sortent-elles ?* — Elles entrent, c'est au Débit de la Caisse.
3° *De qui proviennent-elles ?* — De Brame, c'est alors à son Crédit.

44.

Fait.

Énoncé. — Achat de Marchandises à terme.
Exposé. — (18 janvier 1861.) Lefort Constantin, de Breteuil, nous a vendu 6 pièces de vin de Cahors, LF, n°˚ de 50 à 55, de 200 litres chacune, à fr. 600, la pièce, valeur payable à 3 mois.

Étude.

1° *De quoi s'agit-il ?* — De Marchandises.

2° *Entrent-elles ou sortent elles ?*—Elles entrent, c'est au Débit de Marchandises.

3° *De qui proviennent-elles ?* — De Lefort, dès lors, c'est à son Crédit.

45.

FAIT.

Énoncé. — Acquit d'un Effet dû par la Maison.
Exposé. — (18 Janvier 1861.) La Maison vient d'acquitter la traite de Guillemard de Guise, sur nous, de fr. 2000.

ÉTUDE.

1° *De quoi s'agit-il ?* — De Fonds.
2° *Entrent-ils ou sortent-ils ?* — Ils sortent, et sont alors au Crédit de la Caisse.
3° *A quoi sont-ils employés ?* — A l'acquit de la traite de Guillemard; donc c'est le Débit des Effets qu'ils concernent.

46.

FAIT.

Énoncé. — Vente de Marchandises au comptant.
Exposé. — (18 janvier 1861.) Des étrangers ont acheté au comptant dans la Maison, 25 tonneaux de vin du Rhin, T, nᵒˢ de 35 à 59, de 162 litres chacun, à fr 210, le tonneau.

ÉTUDE.

1° *De quoi s'agit-il ?* — De Marchandises.
2° *Entrent-elles ou sortent-elles ?* — Elles sortent, c'est au Crédit de Marchandises.
3° *Où s'en acquiert l'importance ?* — Dans la Caisse où les fonds sont versés, c'est donc à son Débit.

47

FAIT.

Énoncé. — Vente de Marchandises pour le compte d'autrui.
Exposé. — (19 janvier 1861.) Frémont Constant de Neuilly, nous a acheté les 10 tonneaux de vin de Bordeaux; C, nᵒˢ de 27 à 36, de 215 litres chacun, à fr. 250, le tonneau, au comptant, — provenant de l'expédition de Champfleury Alphonse de Fontainebleau, du 16 courant, sur frais de fr. 50, d'arrivage; et nous avons reçu de Frémont, sur l'ensemble, fr. 375, en Espèces.

ÉTUDE.

1° *De quoi s'agit-il ?* — De Marchandises sur frais d'arrivage et d'Espèces.
2° *Entrent-ils ou sortent-ils ?* — Les Marchandises sortent du compte pour mémoire, les frais sortent de Champfleury, les Marchandises entrent à Frémont, et les Espèces entrent en Caisse ; c'est donc au Crédit des Marchandises pour les Écritures sur mémoire, et au Débit de Profits et Pertes pour les frais d'arrivage, et au Débit de Frémont pour l'importance des Marchandises, et de Caisse pour les Espèces reçues.
3° *A qui vont-ils et d'où proviennent-ils ?* — Les Marchandises vont à Champfleury pour les Écritures sur mémoire, les frais à Profits et Pertes à cause de la vente. Les Marchandises viennent de nouveau de Champfleury pour la valeur d'achat, et les Espèces de Frémont; alors c'est au Débit de Champfleury et de Profits et Pertes quant aux deux premières données, et au Crédit de Champfleury et de la Caisse quant aux deux dernières.

48.

FAIT.

Énoncé. — Solde de vente à commission.
Exposé. — (19 Janvier 1861.) Nous avons remis à Champfleury Alphonse, de Fontainebleau, pour acquit des 10 tonneaux de vin de Bordeaux, de son expédition du 2 courant, C, nᵒˢ de 27 à 36, de 215 litres chacun, que nous avons vendus à commission de 5 p. 0/0 à Frémont Constant de Neuilly, à fr. 250, le tonneau, au comptant, notre traite à vue sur ce dernier de fr. 2125, avec Espèces complétives, déduction faite des frais d'arrivage de fr. 50, de la commission convenue et d'un courtage de 1/2 p. 0/0.

ÉTUDE.

1° *De quoi s'agit-il ?* — D'une Créance.
2° *Entre-t-elle ou sort-elle ?* — Elle entre pour Champfleury qui reçoit, alors c'est au Débit de ce dernier.
3° *Sur quoi s'en opère la résolution ?*— Sur Frémont pour la traite, sur la Caisse pour les Espèces remises et le courtage et sur le compte de Profits et Pertes pour les frais et la commission, donc c'est au Crédit de ceux-là.

49.

FAIT.

Énoncé. — Acceptation d'un mandat sur nous.
Exposé. — (20 Janvier 1861.) Nous donnons acceptation à Lefort Constantin de Breteuil, de son mandat sur nous à l'ordre de Bachimont Bertrand d'Aurillac, de ce jour au 20 avril prochain, de fr. 4800.

ÉTUDE.

1° *De quoi s'agit-il ?* — D'un Effet.
2° *Entre-t-il ou sort-il ?* — Il sort par l'acceptation : alors c'est au Crédit des Effets.
3° *A qui advient-il ?* — A Lefort, c'est par suite à son Débit.

50.

FAIT.

Énoncé. — Remise d'Espèces à un commerçant, et traite sur le même.
Exposé. — (20 Janvier 1861.) La Maison a remis à Bontemps Firmin de Rennes, 3 billets de Banque de fr. 500, chacun, et a fait traite sur lui à l'ordre de Fournier Louis de Lyon, aujourd'hui, payable le 24 courant.

ÉTUDE.

1° *De quoi s'agit-il ?* — De Billets de Banque qui concernent la Caisse sur traite en partie.
2° *Entrent-ils ou sortent-ils ?* — Ils sortent sur déduction de la traite à l'ordre de Fournier, c'est au Crédit de la Caisse pour eux et au Débit de Fournier pour la traite.
3° *A qui vont-ils et sur qui est faite la traite ?* — A Bontemps et c'est lui qui doit payer la traite, ainsi les Billets sont au Débit de Bontemps et la traite à son Crédit.

51.

FAIT.

Énoncé. — Achat de Marchandises par la maison, avec remise à compte.
Exposé. — (20 Janvier 1861.) Fournier Louis de Lyon, nous a vendu une caisse de sucre. FL. nᵒ 8. de 200 kilog., à fr. 140 le kilog., et une balle de café haïti, FR, nᵒ 37, de 400 kilog., à fr. 2, le kilog. au comptant, et nous lui avons remis à compte notre mandat à vue de ce jour sur Frémont Constant de Neuilly, à son ordre, de fr. 300.

ÉTUDE.

1° *De quoi s'agit-il ?* — De Marchandises.
2° *Entrent-elles ou sortent-elles ?* — Elles sortent contre une traite en partie sur Frémont, alors c'est au Débit de la Marchandise pour l'importance, et au Crédit de Frémont pour la traite.
2° *De qui proviennent les Marchandises et à qui est remise la traite ?* — Les Marchandises sont de Fournier et le Mandat lui est remis, les premières sont alors à son Crédit et la traite à son Débit.

52.

FAIT.

Énoncé. — Espèces envoyées à un voyageur de la Maison.
Exposé. — (20 Janvier 1861.) Nous avons envoyé à Poussaint Théodore, voyageur de la Maison, à Troyes, fr. 1000, avec port de fr. 3.

ÉTUDE.

1° *De quoi s'agit-il ?* — D'Espèces.
2° *Entrent-elles ou sortent-elles ?* — Elles sortent, c'est au Crédit de la Caisse.
3° *A qui profitent-elles ?* — A la Maison pour les espèces expédiées et pour les frais, c'est au Débit de Profits et Pertes qu'il faut les porter.

53.

FAIT.

Énoncé. — Dépenses de la Maison.
Exposé. — (20 Janvier 1861.) On a dépensé pour menus frais fr. 300.

ÉTUDE.

1° *De quoi s'agit-il ?* — De Fonds.
2° *Entrent-ils ou sortent-ils ?* — Ils sortent ; ainsi c'est au Crédit de la Caisse.
3° *A quelle fin ?* — C'est comme frais de Maison, et partant au Débit de Profits et Pertes.

54.
FAIT.

Énoncé. — Remise d'un Effet au Banquier sur déductions.
Exposé. — (20 janvier 1861.) La Maison a remis à Brame Emmanuel de Paris, le billet de Marcellin Jacques de Paris, à l'ordre de Colomb Prosper, de Cette, de qui nous l'avons reçu, en date du 6 courant, payable le 27 avril prochain, de fr. 6000, sur déductions des intérêts à 6 p. 0/0 et d'une commission de 1/4 p. 0/0.

ÉTUDE.

1° *De quoi s'agit-il ?* — D'un billet.
2° *Entre-t-il ou sort-il ?* — Il sort, alors c'est au Crédit des Effets.
A qui revient-il ? — A Brame, sur déductions ; c'est donc au Débit de Brame pour l'importance et de Profits et Pertes pour les quantités à déduire.

55.
FAIT.

Énoncé. — Retour d'un Effet non payé, avec compensation.
Exposé. — (24 Janvier 1861.) Fournier Louis, de Lyon, nous fait retour de notre traite sur Frémont Constant de Neuilly, non acquittée, de fr. 40, avec fr 40, de Protêt et frais de retour, et nous lui avons remis notre mandat à vue de pareille somme sur Brame Emmanuel de Paris, après avoir reçu de Frémont en Espèces la valeur de la créance et des frais.

ÉTUDE.

1° *De quoi s'agit-il ?* — De la créance d'un Effet sur frais qui l'augmentent.
2° *Entre-t-elle ou sort-elle ?* — Elle entre pour Frémont, à cause du retour de l'Effet, pour Fournier par la remise que nous lui faisons de notre mandat sur Brame, et pour la Caisse par suite des Espèces reçues ; c'est à leur Débit.
3° *De qui en provient l'importance ?* — De Fournier qui retourne l'Effet, de Brame sur qui est fait le mandat, et de Frémont qui donne les Espèces ; c'est à leur Crédit.

56.
FAIT.

Énoncé. — Laissé pour compte de Marchandise à la Maison.
Exposé. — (22 Janvier 1861.) Desaintfussien Louis de Vannes, nous a laissé pour compte une pièce de vin de Champagne, RZ, n° 5, de 215 litres, de notre expédition du 17 courant, sur commission à 6 p. 0/0 du résultat de la vente, avec frais et débouresés de transport de fr. 65.

ÉTUDE.

1° *De quoi s'agit-il ?* — De Marchandise.
2° *Entre-t-elle ou sort-elle ?* — Elle entre laissée pour compte par suite d'avaries, avec frais ; c'est au Débit de la Marchandise d'une part et de Profits et Pertes pour les frais d'autre part.
3° *De qui provient-elle et par qui les frais furent-ils essuyés ?* — La pièce revient de Desaintfussien qui a payé les frais, c'est à son Crédit des deux côtés.

57.
FAIT.

Énoncé. — Vente d'actions de chemin de fer.
Exposé. — (23 Janvier 1861.) Nous avons vendu au pair nos 3 actions du chemin de fer de Strasbourg sur Espèces, de fr. 1000 chacune.

ÉTUDE.

1° *De quoi s'agit-il ?* — D'Actions à considérer comme Marchandise.
2° *Entrent-elles ou sortent-elles ?* — Elles sortent, c'est au Crédit de la Marchandise.
3° *Où en revient l'importance ?* — A la Caisse, alors c'est au Débit de la Caisse.

58.
FAIT.

Énoncé. — Bénéfices sur transactions au dehors.
Exposé. — (23 Janvier 1861.) Nous avons obtenu un bénéfice de fr. 400, sur opérations au dehors de la main à la main.

ÉTUDE.

1° *De quoi s'agit-il ?* — D'Espèces.
2° *Entrent-elles ou sortent-elles ?* — Elles entrent, c'est au Débit de la Caisse.

3° *D'où proviennent-elles ?* — Des bénéfices d'opérations faites au dehors ; alors c'est au Crédit de Profits et Pertes.

59.
FAIT.

Énoncé. — Récolte des propriétés de la Maison.
Exposé. — (23 Janvier 1861.) Nous avons récolté de nos propriétés, 40 pièces de vin ordinaire de pays, V, n°s de 1 à 10, de 100 litres chacune, estimées fr. 80 la pièce.

ÉTUDE.

1° *De quoi s'agit-il ?* — De Marchandises.
2° *Entrent-elles ou sortent-elles ?* — Elles entrent, c'est au Débit de la Marchandise.
3° *D'où proviennent-elles ?* — De nos récoltes, c'est au Crédit de Profits et Pertes.

60.
FAIT.

Énoncé. — Payement des Impositions.
Exposé. — (24 Janvier 1861.) Nous avons payé fr. 200 pour les impositions de la Maison.

ÉTUDE.

1° *De quoi s'agit-il ?* — D'Espèces.
2° *Entrent-elles ou sortent-elles ?* — Elles sortent, c'est au Crédit de la Caisse.
3° *A quoi servent-elles ?* — A payer les impôts, c'est une perte, ou donc au Débit de Profits et Pertes.

61.
FAIT.

Énoncé. — Acquit d'un mandat sur nous.
Exposé. — (25 Janvier 1861.) Nous avons payé le mandat de Lafontaine François de Brignolles, sur nous, payable ce jour, de fr. 3000.

ÉTUDE.

1° *De quoi s'agit-il ?* — D'un Mandat.
2° *Entre-t-il ou sort-il ?* — Il entre, c'est au Débit des Effets.
3° *Au moyen de quoi se solde-t-il ?* — Au moyen de la Caisse, c'est donc à son Crédit.

62.
FAIT.

Énoncé. — Vente à un acquéreur disparu.
Exposé. — (25 Janvier 1861.) Nous avons vendu à Albarès Vincent d'Alger, une pièce de vin de Champagne, A, n° 17, de 300 litres, pour fr. 200, payable à 2 jours, et l'acheteur a disparu.

ÉTUDE.

1° *De quoi s'agit-il ?* — De Marchandise.
2° *Entre-t-elle ou sort-elle ?* — Elle sort, c'est au Crédit de la Marchandise.
3° *A qui va-t-elle ?* — A Albarès, qui a disparu, alors c'est au Débit de Profits et Pertes.

63.
FAIT.

Énoncé. — Acquit d'un effet dû à la Maison.
Exposé. — (26 Janvier 1861.) Martinet Armand de Melun, est venu acquitter son Effet, de fr. 4000 à terme aujourd'hui.

ÉTUDE.

1° *De quoi s'agit-il ?* — D'Espèces.
2° *Entrent-elles ou sortent-elles ?* — Elles entrent, c'est au Débit de la Caisse.
3° *De quoi proviennent-elles ?* — De l'Effet de Martinet, ainsi c'est au Crédit des Effets.

64.
FAIT.

Énoncé. — Vente de Marchandises dont on s'acquitte au moyen d'une traite.
Exposé. — (26 Janvier 1861.) Nous avons vendu à Quémin Victor de Rennes, 12 barils d'huile d'olive, QV, n° de 1 à 12, de 400 kilog. l'un, à fr. 350 les 0/0 kilog. et nous faisons traite sur lui ce jour de l'importance du marché, à notre ordre, payable le 25 Avril prochain.

ÉTUDE.

1° *De quoi s'agit-il ?* — De Marchandises.
2° *Entrent-elles ou sortent-elles ?* — Elles sortent, c'est donc au Crédit de la Marchandise.

3° *A qui vont-elles?*— A Quémin sur qui nous nous acquittons par une traite que nous faisons sur lui, à notre ordre, alors c'est au Débit des Effets.

65.

FAIT.

Enoncé. — Vente acquittée en un Mandat sur la Poste.
Exposé. — (26 Janvier 1861.) Nous avons vendu à Favart Emile de Poix, une pièce d'Armagnac, F, n° 1, de 200 litres, pour fr. 400, qu'il nous a acquittée en un Mandat sur la Poste de pareille somme.

ETUDE.

1° *De quoi s'agit-il ?* — De Marchandise.
2° *Entre-t-elle ou sort-elle ?* — Elle sort, c'est au Crédit de Marchandise.
3° *A qui va-t-elle ?* — A Favart Emile de Poix, qui l'acquitte en son Mandat sur la Poste, alors c'est au Débit des Effets.

66.

FAIT.

Enoncé. — Vente de Marchandise soldée en partie par virement.
Exposé. — (27 Janvier 1861.) La Maison a vendu à Fournier Louis de Lyon, 20 tonnes d'huile de Colza, F, n°s de 42 à 61, de 130 kilog. chacune, à fr. 300 les 0/0 kilog. au comptant, valeur sur laquelle il a remis fr. 4000 à Brame Emmanuel de Paris, pour notre compte et dont il nous a soldé le reste en Espèces.

ETUDE.

1° *De quoi s'agit-il ?* — De Marchandises.
2° *Entrent-elles ou sortent-elles ?* — Elles sortent, c'est au Crédit de la Marchandise.
3° *A qui vont-elles ?* — A Fournier, qui les acquitte en partie pour notre compte à Brame, et en partie à nous-mêmes avec Espèces ; c'est donc au Débit de Brame et de la Caisse, pour ce qui les concerne séparément.

67.

FAIT.

Enoncé. — Acquit d'une vente faite pour le compte de la Maison, avec un coupon de rentes et Déductions.
Exposé. — (27 Janvier 1861.) Desaintfussien Louis de Vannes, nous a remis un coupon de rentes 4 p. 0/0 Belge, de l'importance de fr. 1500, avec Espèces complétives, pour acquit des 4 tonneaux de vin de Champagne, RZ, n°s de 1 à 4, de 215 litres chacun, à fr. 562,50 le tonneau, restant de l'expédition du 17 courant, qui lui a été faite par la Maison pour vente à commission de 6 p. 0/0 à porter en déduction.

ETUDE.

1° *De quoi s'agit-il ?* — De Marchandises sur déduction et d'Espèces.
2° *Entrent-elles ou sortent-elles ?* — Entrent à la maison la Marchandise de Desaintfussien pour Mémoire quant à la partie restante de l'expédition ; puis à Desaintfussien pour la valeur des 4 tonneaux ; enfin entrent le coupon de rentes aux Marchandises, les fr. 615 d'espèces que Desaintfussien a remises, en caisse, et les fr. 135 de déduction, à Profits et Pertes ; alors ces données sont au Débit des comptes qui les concernent séparément chacune à chacune.
3° *A qui vont-elles ?* — A Desaintfussien pour les premières, à Marchandise pour les tonneaux, et à Desaintfussien pour le reste ; c'est donc au Crédit de chacun de ceux-là, toutes choses à part considérées.

68.

FAIT.

Enoncé. — Acquit d'une créance qu'on croyait perdue.
Exposé. — (28 Janvier 1861.) Albarès Vincent d'Alger, est venu acquitter sa créance qu'on croyait perdue.

ETUDE.

1° *De quoi s'agit-il ?* — D'une créance.
2° *Entre-t-elle ou sort-elle ?* — Elle entre en Espèces, c'est au Crédit de la Caisse.
3° *De qui provient-elle ?* — D'Albarès, de retour, qui la solde, mais qu'on croyait perdue ; alors c'est au Crédit de Profits et pertes, puisqu'elle est redevenue effective.

69.

FAIT.

Enoncé. — Liquidation par suite de faillite.

Exposé. — (28 Janvier 1861.) On a reçu pour solde du syndic de la faillite de Fournier Louis de Lyon, fr. 100 sur fr. 220 qu'il redevait à la Maison.

ETUDE.

1° *De quoi s'agit-il ?* — D'une Créance.
2° *Entre-t-elle ou sort-elle ?* — Elle entre en Espèces et en Perte, c'est au Débit de la Caisse et de Profits et Pertes en ce qui les concerne.
3° *De qui provient-elle ?* — De Fournier, c'est à son Crédit.

70.

FAIT.

Enoncé. — Vente faite à un créancier insolvable.
Exposé. — (28 Janvier 1861.) La Maison a vendu à Ganimède Théophile de Bourges, une pièce de vin de Bourgogne, GT, n° 35, de 195 litres, pour fr. 200, au comptant, et le Débiteur se trouve insolvable.

ETUDE.

1° *De quoi s'agit-il ?* — De Marchandise.
2° *Entre-t-elle ou sort-elle ?* — Elle sort, c'est au Crédit de la Marchandise.
3° *A qui va-t-elle ?* — A Ganimède, insolvable, dès lors c'est au compte de Profits et Pertes.

71.

FAIT.

Enoncé.—Achat de Marchandises au comptant avec escompte et déduction sur facture.
Exposé. — (29 Janvier 1861.) Nous avons acheté à Bourgeois Nicolas de Chaulnes, 3 fûts de cognac, B, n°s 18, 19 et 20, de 150 litres le fût, à fr. 200 l'un, au comptant, avec escompte de 2 p. 0/0, et une diminution de fr. 125 sur la Marchandise pour cause d'avaries, et la différence lui fut remise par nous en Espèces.

ETUDE.

1° *De quoi s'agit-il ?* — De Marchandise.
2° *Entre-t-elle ou sort-elle ?* — Elle entre, c'est au Débit de la Marchandise.
3° *De qui provient-elle ?* — De Bourgeois, que nous avons acquitté sur déductions, alors c'est au Crédit de la Caisse d'une part, et de Profits et Pertes de l'autre.

72.

FAIT.

Enoncé. — Marchandises expédiées par mer, pour être mises en consignation, ou autrement.
Exposé. — (29 Janvier 1861.) Nous avons remis à bord du Nantais de 300 tonneaux, commandé par le capitaine Berton Marc, devant Bordeaux, 10 pièces de vin de Champagne, NT, n°s de 35 à 44, de 420 litres chacune, en destination des Antilles, à l'adresse de Morizelle Joseph, armateur, pour être mis à la voile, le 15 février prochain.

ETUDE.

1° *De quoi s'agit-il ?* — De Marchandises.
2° *Entrent-elles ou sortent-elles ?* — Elles sortent, c'est au Crédit de la Marchandise.
3° *Où vont-elles ?* — En consignation à bord du *Nantais*, c'est à son Débit.

73.

FAIT.

Enoncé. — Location perçue.
Exposé. — (29 Janvier 1861.) Gratien François d'Issy, nous a payé fr. 25 pour la location de son jardin d'Issy, en la présente année.

ETUDE.

1° *De quoi s'agit-il ?* — D'Espèces.
2° *Entrent-elles ou sortent-elles ?* — Elles entrent, c'est au Débit de la Caisse.
3° *De qui proviennent-elles?* — De Gratien, pour location, alors c'est au Crédit de Profits et Pertes.

74.

FAIT.

Enoncé. — Remise à titre de cadeau.
Exposé. — (29 Janvier 1861.) La Maison a fait cadeau d'une pièce de vin du Rhin, J, n° 1, de 300 litres, évaluée, fr. 425, à Josse Lucien de Corbie.

6

ÉTUDE.

1° *De quoi s'agit il ?* — De Marchandise.
2° *Entre-t-elle ou sort-elle ?* — Elle sort, c'est au Crédit de la Marchandise.
3° *A qui est-elle acquise ?* — A Josse, à titre de cadeau, c'est donc au Débit de Profits et Pertes.

75.

FAIT.

Énoncé. — Vente d'un objet mobilier.
Exposé. — (30 Janvier 1861.) Nous avons vendu notre cheval de camion fr. 1000 au comptant.

ÉTUDE.

1° *De quoi s'agit-il ?* — D'un objet mobilier à considérer comme Marchandise.
2° *Entre-t-il ou sort-il ?* — Il sort, c'est au Crédit de la Marchandise.
3° *A qui est-il acquis ?* — A celui qui le paye, alors c'est au Débit de la Caisse.

76.

FAIT.

Énoncé. — Remise pour le compte d'un tiers.
Exposé. — (30 Janvier 1861.) Nous avons remis fr. 160 à Mertz Boniface de Strasbourg pour le compte de Sévin Charles de Mende qui nous y autorise.

ÉTUDE.

1° *De quoi s'agit-il ?* — D'Espèces.
2° *Entrent-elles ou sortent-elles ?* — Elles sortent, c'est au Crédit de la Caisse.
3° *A qui passent-elles ?* — A Mertz, pour le compte de Sévin, c'est au Débit de ce dernier.

77.

FAIT.

Énoncé. — Payement de la pension des Enfants.
Exposé. — (30 Janvier 1861.) Nous acquittons la pension des Enfants pour le 1er trimestre de l'année, qui est de fr. 400.

ÉTUDE.

1° *De quoi s'agit-il ?* D'Espèces.
2° *Entrent-elles ou sortent-elles ?* Elles sortent, c'est au Crédit de la Caisse.
3° *A qui vont-elles ?* — A Profits et Pertes comme frais accessoires de Maison, c'est au Crédit de Profits et Pertes.

78.

FAIT.

Énoncé. — Acquit d'un Effet par la Maison.
Exposé. — (30 Janvier 1861.) La Maison a payé l'Effet de Renand Jean-Baptiste de Vervins sur nous de fr. 8000, à terme ce jour.

ÉTUDE.

1° *De quoi s'agit-il ?* D'Espèces.
2° *Entrent-elles ou sortent-elles ?* Elles sortent, c'est au Crédit de la Caisse.
3° *A qui vont-elles ?* — A Renaud pour l'acquit de son Effet, c'est alors au Débit des Effets.

79.

FAIT.

Énoncé. — Dépenses du Mois.
Exposé. — (31 Janvier 1861.) La Maison solde les dépenses du mois suivantes : les appointements des Employés de fr. 300, les gages des Garçons et Domestiques de fr. 250, les ports de Lettres de fr. 52 et les pour Boire de fr. 25.

ÉTUDE.

1° *De quoi s'agit-il ?* — D'Espèces.
2° *Entrent-elles ou sortent-elles ?* — Elles sortent, alors c'est au Crédit de la Caisse.
3° *Où vont-elles ?* — Aux Dépenses de Maison pour le personnel à diverses causes ; c'est donc au Débit de Profits et Pertes.

80.

FAIT.

Énoncé. — Echange de Marchandises.

Exposé. — (31 Janvier 1861.) Nous avons fait échange d'une pièce de Cognac, X, n° 21, de 178 litres, contre 6 pièces de toile L, n°s de 101 à 106, de 200 mètres chacune.

ÉTUDE.

1° *De quoi s'agit-il ?* — De Marchandise.
2° *Entre-t-elle ou sort-elle ?* — Elle sort, c'est au Débit de la Marchandise.
3° *Contre quoi sort-elle ?* — Contre aussi de la Marchandise prise en échange ; donc cette dernière est au Débit de la Marchandise.

81.

FAIT.

Énoncé. — Payement en Marchandise.
Exposé. — (31 Janvier 1861.) Welmar Florentin de Strasbourg nous a remis 2 Barils de vin de Madère, W, n°s 16 et 108, de 35 litres le Baril, contre sa créance due à la Maison, de fr. 240.

ÉTUDE.

1° *De quoi s'agit-il ?* — De Marchandises.
2° *Entre-t-elle ou sort-elle ?* — Elle entre, c'est au Débit de la Marchandise.
3° *De qui provient-elle ?* — De Welmar Florentin de Strasbourg contre sa Créance due à la Maison, c'est au Crédit de Welmar.

82.

FAIT.

Énoncé. — Intérêts par compte.
Exposé. — (31 Janvier 1861.) On a arrêté ce jour les intérêts par comptes :
Dus à la Maison.
— Par Duchatel Pierre de Colmar, sur les articles 1, 4, 7 et 8 courant de fr. 74, 40.
— Par Brame Emmanuel de Paris, sur les articles des 2, 4, 6, 15, 18, 20, 22 et 27 courant, de fr. 189, 10.
— Par Fortin Paul d'Avignon, sur un article du 3 courant de fr. 14.
— Par Sévin Charles de Mende, sur les articles des 4 et 30 courant, de fr. 73, 52.
— Par Desaintfussien Louis de Vannes, sur les articles des 18 et 22 courant, de fr. 41, 61;
— Par Lefort Constantin de Breteuil, sur les articles des 18 et 20 courant de fr. 22, 50.
Et Dus par la Maison,
— A Bontemps Firmin de Rennes, sur les articles des 1, 3, 11, 12 et 20 courant, de fr. 25, 61,
— A Frémont Constant de Neuilly, sur les articles des 2, 19, 20 et 22 du courant, de fr. 44, 30.
— A Champfleury Alphonse de Fontainebleau, sur les articles des 5, 8, 16 et 19 courant de fr. 0, 94.
— A Pointin Albéric de Clermont, sur les articles des 16 et 18 du courant, de fr. 92, 05.

ÉTUDE.

1° *De quoi s'agit-il ?* — De Créances.
2° *Entrent-elles ou sortent-elles ?* — Sortent, celles qui sont dues, entrent celles que doit la Maison; c'est d'une part au Débit, de l'autre au Crédit de Profits et Pertes.
3° *A qui vont-elles et de qui proviennent-elles ?* — Elles vont à ceux qui doivent quand aux 1res et proviennent de ceux à qui il est dû par nous; c'est alors au Débit des premiers et au Crédit des derniers.

83.

FAIT.

Énoncé. — Excédant obtenu de l'Inventaire des Marchandises sur le compte.
Exposé. — (31 Janvier 1861.) On a obtenu fr. 18557, 07, de l'Inventaire des Marchandises sur le compte des Marchandises.

ÉTUDE.

1° *De quoi s'agit-il ?* Des Marchandises pour excédant d'après Inventaire.
2° *Entre-t-il ou sort-il ?* — Il entre, c'est au Débit de la Marchandise.
3° *De quoi se produit-il ?* — D'un Bénéfice sur la Marchandise en général ; c'est donc au Crédit de Profits et Pertes.

Observation. — Les Comptes sont arrêtés au 31 Janvier 1861, c'est pour simuler une situation complète avec le moins d'espace possible, et ne point donner lieu à un trop grand volume : car les comptes ne s'arrêtent guère que tous les ans ou tout au plus tous les six mois.

V.

MODÈLE DU BROUILLARD.

SOMMAIRE.

**Introduction : 1. Le Brouillard dans son importance. — 2. Les Écritures du Brouillard.
Applications : Nos De 1 à 83, les 83 Faits étudiés, mis en comptabilité particulière, —
Sur contrôle de l'ensemble avec les Livres du Mouvement, —
Avec Balance à nouveau.**

INTRODUCTION.

I. LE BROUILLARD DANS SON IMPORTANCE.

Le Brouillard a pour objet la mise en Comptabilité de toutes les opérations Commerciales considérées isolément.

D'après cette réflextion, tout article porté au Brouillard sera développé dans toutes ses circonstances déterminatives, et ses divers caractères de Comptabilité, distinctement présentés pour la mise en Comptes Généraux des parties de différentes destinations.

Les articles que comporte le Brouillard ont pour origine les Livres du Mouvement de la Maison, les Livres d'Entrée et de Sortie des Marchandises, le Livre de Caisse et le Carnet d'Échéances, avec l'ensemble desquels il se contrôle.

Certains d'entre eux encore prennent naissance du Livre des Intérêts par Comptes et du Livre des Inventaires, pour compléter les Comptes à l'arrêté, ou quand quelque nécessité oblige de le faire.

Le Brouillard, qui contient au jour le jour, à mesure qu'elles se présentent, toutes les opérations du Commerçant, est à proprement parler le Livre-Journal exigé par la Loi.

A ce titre, il doit être folioté et paraphé par l'un des Membres de l'autorité.

II. LES ÉCRITURES DU BROUILLARD.

Que nous ayons acheté à Gusman Marc de Verdun 6 caisses de raisin sec, GM, nos de 33 à 37, pesant l'une 12 kilog. à fr. 300, les 0/0 kilog. au comptant, sur escompte de 7 p. 0/0 ;

Le Moteur se trouvant être la Marchandise à cet égard,

Au Débit de ce Compte, puisqu'elle entre,

Et au Crédit de Caisse pour la valeur payée et de Profits et Pertes pour le bénéfice de l'escompte sur l'achat :
Alors,

S'offrira pour l'énoncé de l'article, sur le Tel à Tel consacré par l'usage :

Marchandises à Caisse et à Profits et Pertes ; —

Et ses circonstances déterminatives, présentées une à une pour plus de clarté d'exposition, et coordonnées sur les caractères de Comptabilité qui conviennent séparément aux Comptes Généraux affectés à ce sujet, deviendront :

Pour achat,
De 6 caisses de raisin sec,
GM, nos de 33 à 38,
De 12 kilog. l'une,
Ensemble 72 kilog.,
A fr. 300 les 0/0 kilog.,

En somme fr. . . . . 216, » pour le Débit des Marchandises,
Avec escompte de 7 p. 0/0 sur fr. 216, de fr. . . . . 15, 12 au Crédit de Profits et Pertes,
Et Espèces délivrées de la valeur recouvrable, différence de l'importance
sur l'escompte, de fr . . . . 200, 88 au Crédit aussi de la Caisse,.
Ensemble des deux Crédits qui équivalent au Débit.

Maintenant ce qui entre matériellement à cette occasion, ce sont les fr. 216, de Marchandise reçue. C'est ce qui constitue le chiffre à porter au Débit du Brouillard.

Puis, les fr. 15 12 d'escompte n'existant seulement qu'au point de vue de la régularité de la Comptabilité, ne se perçoivent pas substantiellement, et par suite sont sans influence sur le mouvement immédiat des éléments de la Maison, — dès lors on les laisse de côté.

Enfin, il nous reste à considérer les Espèces remises, de fr. 200, 88, contre la Marchandise recueillie, matérielles comme la Marchandise, qui sortent de la Caisse, dont la valeur est à écrire au Crédit de ce Livre.

Il est à remarquer, d'ailleurs, qu'au sujet des Effets et des Particuliers, toutes les parties qui les concernent distinctement sont à séparer entre elles, afin que les données d'un chacun ne se trouvent pas confondues.

Le Brouillard comporte de plus à l'arrêté des Comptes le contrôle qui s'en est fait avec les Livres du Mouvement, — qui correspondent exactement avec les mêmes Comptes du Journal.

A chaque article du Brouillard se porte le folio du Journal où l'article est transcrit.

APPLICATIONS.

BEAUCOMTÉ ET CIE,

DE PARIS.

BROUILLARD.

1861,

DU 1er JANVIER, AU 1er FÉVRIER.

BROUILLARD. — Janvier 1861.

FOLIOS du Journal.	DÉSIGNATION DES ARTICLES.	Débit.		Crédit.	
	—— Le 1er Janvier. ——				
	SUR INVENTAIRE,				
71	1° DIVERS A CAPITAL,				
	Les Marchandises et les Propriétés, fr. . . . 130 000 »				
	La Caisse, fr. . . . . 60 000 »				
	Les Effets à recevoir, fr. . . . . . . 15 000 »				
	»	205 000	»	»	»
	Les Débiteurs, fr. . . . . 15 000 »				
	Actif, — Débit à Capital, fr. . . . 220 000 »				
	2° CAPITAL A DIVERS,				
	Les Effets à payer, fr. . . . . 13 000 »				
	»	»	»	13 000	»
	Les Créanciers, fr. . . . . 7 000 »				
	Passif, — Crédit à Capital, fr. . . . 20 000 »				
	Balance, Capital réel, fr. . . . 200 000 »				
	Somme égale, fr. . . 220 000 »				
	—— Le 2 Janvier. ——				
71	BRAME (Emmanuel), de Paris, à CAISSE,				
	Versement de fonds,				
	En Billets de banque, pour fr. . . . . . 40 000 »				
	En Espèces, pour fr. . . . . 10 000 »				
		»	»	50 000	»
71	PROFITS ET PERTES, A CAISSE,				
	Pour achats,				
	De fournitures de bureau, de fr. . . . . 300 »				
	Et d'ustensiles de magasin, de fr. . . . 200 »				
		»	»	500	»
71	FRÉMONT (Constant), de Neuilly, à MARCHANDISES,				
	Pour vente,				
	De 3 pièces de vin de Champagne,				
	FC, nos 18, 19 et 20,				
	De 120 litres chacune,				
	A fr. 450 la pièce,				
	Ensemble, fr. . . . . 1 350 »				
	Et de 2 fûts de Cognac,				
	F, nos 318 et 407,				
	De 200 litres l'un,				
	A reporter. . . 1 350 »	205 000	»	63 500	»

BROUILLARD. — Janvier 1861,

FOLIOS du Journal.	DÉSIGNATION DES ARTICLES.	Débit.		Crédit.	
	Reports. . . 1 350 »	205 000	»	63 500	»
	À fr. 700 le fût.				
	En somme, fr. . . . . : 1 400 »	»	»	2 750	»
	Payables à 2 mois.				
	——— *Le 3 Janvier.* ———				
71	BONTEMPS (Firmin), de Rennes, à CAISSE,				
	Pour solde de sa créance sur nous, d'après Inventaire,				
	En espèces, fr.	»	»	1 500	»
71	CHAMPFLEURY (Alphonse), de Fontainebleau, et PROFITS ET PERTES, A MARCHANDISES,				
	Pour vente,				
	De 4 pièces d'Armagnac,				
	CA, nᵒˢ de 25 à 28,				
	De 150 litres chacune,				
	À fr. 400, la pièce,				
	Ensemble fr. . . . . 1 600 »				
	Et d'une futaille de vin du Rhin,				
	IK, nᵒ 200,				
	De 100 litres,				
	Pour fr. . , ... 450 »				
	Avec escompte à déduire de 6 p. %, sur	»	»	2 050	»
	fr. 2 050 de fr. . . . . 123 »				
	D'où il reste pour la valeur recouvrable fr. . . 1 927 »				
	À 8 jours de délai.				
71	WELMAR (Florentin), de Strasbourg, à MARCHANDISES,				
	Pour vente,				
	D'une caisse de Savon,				
	W, nᵒ 135,				
	De 120 kilog.,				
	À fr. 2 le kilogᵉ.,				
	Ensemble fr.	»	»	240	»
	À 28 jours de date.				
71	FORTIN (Paul), d'Avignon, à CAISSE,				
	Pour prêt,				
	En Espèces de fr.	»	»	3 000	»
	À reporter.	205 000	»	73 040	»

BROUILLARD. — Janvier 1861.

FOLIOS du Journal.	DÉSIGNATION DES ARTICLES.	Débit.		Crédit.	
	Reports.	205 000	»	73 040	»
	———— *Le 4 Janvier.* ————				
71	MARCHANDISES, à SÉVIN (Charles), de Mende,				
	Pour achat,				
	De 6 barriques de vins, de Saint-Georges,				
	SC, n°° de 33 à 38,				
	De 225 litres l'une,				
	A fr. 500, la barrique,				
	Ensemble fr. 3 000	»			
	Et de 10 pièces de vin de Médoc,				
	SV, n° de 44 à 53,				
	De 200 litres chacune,				
	A fr 400 la pièce				
	En somme fr. 4 000	»			
		7 000	»	»	»
	Valeur à 3 mois de date.				
71	CAISSE, à DUCHATEL (Pierre), de Colmar.				
	Pour à-compte reçu,				
	En espèces de fr.	4 000	»	»	»
71	MARCHANDISES, A CAISSE ET A PROFITS ET PERTES,				
	Pour achat, à RICHARD (Florimond), de Stuttgard,				
	De 25 pièces de vin du Rhin,				
	RF, n° de 1 à 25,				
	De 150 litres chacune,				
	A fr. 80 la pièce,				
	Ensemble fr.	2 000	»	»	»
	Au comptant,				
	Avec escompte de 2 p. °/₀ sur fr. 2 000, de fr. . . . 40	»			
	Et Espèces remises de fr.	»	»	1 960	»
71	CAISSE, à BRAME (Emmanuel), Banquier à Paris,				
	Pour Espèces reçues fr.	9 000	»	»	»
71	MARCHANDISES, à DUCHATEL (Pierre), de Colmar,				
	Pour achat,				
	De 80 pièces de vin de Beaune,				
	DP, n° de 21 à 100,				
	A reporter.	227 000	»	75 000	»

7

BROUILLARD. — Janvier 1861.

FOLIOS du Journal.	DÉSIGNATION DES ARTICLES.	Débit.		Crédit.	
	Reports.	227 000	»	75 000	»
	De 120 litres chacune,				
	A fr. 60 la pièce,				
	Ensemble fr.	4 800	»	»	»
	A 4 mois de crédit.				
	——— Le 4 Janvier. ———				
71	MARCHANDISES, à CAISSE et à BRAME (Emmanel), Banquier à Paris,				
	Pour octroi,				
	De 11 pièces de vin de Beaune,				
	CF, nos de 15 à 25,				
	De 120 litres chacune,				
	A fr. 40 la pièce,				
	Ensemble fr. . , ... 440 »	440	25	»	»
	Plus un timbre de fr. . . . . » 25				
"	Ce qui a été acquitté ainsi qu'il suit :	»	»	200	25
	En Espèces, de fr.				
	Et en notre Bon à vue sur Brame, échangé par un tiers,				
	de fr. . . . . 240 »				
	——— Le 5 Janvier. ———				
71	EFFETS A MARCHANDISES,				
	Pour vente, à DESAINTFUSSIEN (Louis), de Vannes,				
	De 10 pièces de vin de Bourgogne,				
	D, nos de 7 à 12 et de 20 à 23,				
	De 130 litres l'une,				
	A fr. 150 la pièce,				
	En somme fr.	»	»	1 500	»
	Acquittée en S/ B/ de ce jour à N/ O/, payable le 3 Avril pro-				
	chain de pareille somme fr.	1 500	»	»	»
71	PROFITS ET PERTES A MARCHANDISES,				
	Pour mise en consommation à la Maison,				
	De 1 pièce de vin de Bourgogne,				
	RF, nos 18,				
	De 150 litres,				
	Evaluée fr.	»	»	160	»
	——— Le 6 Janvier. ———				
71	EFFETS, à BRAME (Emmanuel), de Paris, et à PROFITS et PERTES,				
	Pour escompte, à Colomb Prosper de Cette,				
	Du B/ Marcellin Jacques de Paris, à l'ordre du 1er, de ce jour,				
	au 27 Avril prochain de fr.	6 000	»	»	»
	A reporter.	239 740	25	76 860	25

BROUILLARD. — Janvier 1861.

FOLIOS du Journal.	DÉSIGNATION DES ARTICLES.	Débit.		Crédit.	
	Reports.	239 740	25	76 860	25
	Acquitté,				
	Sur intérêts déduits à 5 p. % de fr. 6 000 en 111 jours, de fr. 91 23				
	Par notre Bon à vue sur Brame au profit de Colomb de fr. 5 908 77				
71	DIVERS A CAISSE,				
	Pour acquit de leurs Créances par la Maison,				
	FAVART (Emile), de Poix fr. . . . . 2 000 »				
	RICBOURG (Stanislas), de Vion fr. . . . . 500 »	»	»	2 500	»
	Le 7 *Janvier.*				
73	CAISSE A DIVERS,				
	Sur Créances dues à la Maison,				
	A. DUCHATEL (Pierre), de Colmar, pour reliquat de sa créance fr. . . . . . . 2 000 »				
	A Carton (Alphonse), de Nenfchatel, pour à-compte fr. . . . . 4 100 »	6 100	»	»	»
	Le 8 *Janvier.*				
73	CAISSE, à CHAMPFLEURY (Alphonse), de Fontainebleau,				
	Pour solde de sa créance du 2 courant acquise à la Maison, escompte déduit, de fr.	1 927	»	»	»
73	EFFETS, à DUCHATEL (Pierre), de Colmar, et à PROFITS ET PERTES,				
	Pour la remise par Duchatel des 2 effets à son ordre :				
	1° Celui de Conin (Etienne), de Lille, du 8 novembre 1860 au 19 décembre 1861 de fr. . . . 600 »				
	2° Celui de Delambre (Isodore), de Toulouse, du 16 décembre 1860 au 24 juillet 1861, fr. . 500 »	1 100	»	»	»
	Avec déduction				
	Des intérêts à 6 p. %				
	Sur fr. 600 en 345 jours, de fr. 34 03				
	Sur fr. 500 en 197 jours, de fr. 16 19				
	——— 50 22				
	D'une Commission de 1/4 p. % sur fr. 1 100 . . . 2 75				
	D'une Change de place de 1/2 p. % sur fr. 1 100 . 3 66				
	——— 56 63				
	A *reporter.* 56 63	248 867	25	79 360	25

— 52 —

BROUILLARD. — Janvier 1861.

FOLIOS du Journal.	DÉSIGNATION DES ARTICLES.	Débit.		Crédit.	
	Reports. . . . 56 63	248 867	25	79 360	25
	D'où il résulte pour la valeur actuelle des deux Effets fr. 1 043 37				
	───── *Le 9 Janvier.* ─────				
73	¹ CAISSE, à DUPUIS (Joseph), de Laon, et à CAISSE,				
	Pour la remise d'un B/ de Banque de fr.	5 000	»	»	
	Contre sa Créance à nous acquise de fr. . . . 3 600 »				
	Et les Espèces que nous lui remettons en différence de fr. . .	»	»	1 400	»
	───── *Le 10 Janvier.* ─────				
73	CAISSE ET PROFITS ET PERTES A EFFETS,				
	Pour négociation du Billet de Verdeau (Jean), de Colmar, à Breton (Jules), de Caen, créé à notre ordre, le 15 dé-cembre 1860, à terme le 20 juin 1861, de fr.	»	»	10 000	»
	Avec déductions sur fr. 10 000 Des intérêts à 4 p. %., en 161 jours, de fr. . . . . 176 44 De la commission de 1/4 p. %., de fr. . . . . 25 » Du change de place de 1/2 p. %., de fr. . . . . 50 » Ensemble fr. 251 44				
	Contre espèces complètives reçues, de fr.	9 748	56	»	»
73	PROFITS ET PERTES A CAISSE,				
	Pour frais généraux, 1° D'un port d'échantillons au dehors, de fr. . 15 » 2° De l'affranchissement de Colis adressés au Voyageur de la Maison de fr. . . . . . 20 » Ensemble fr.	»	»	35	»
73	MARCHANDISES A CAISSE, Pour achat, De 3 actions du Chemin de fer de Strasbourg, Nᵒˢ de 125 à 127, A fr. 1 000 l'une, Ensemble fr.	3 000	»	»	»
	Au comptant, de fr.	»	»	3 000	»
	A reporter.	266 615	81	93 795	25

¹ Ce n'est réellement qu'une dette acquittée de 3 600, de la substance de: Caisse à Dupuis pour acquit de sa Cᶜᵉ due à la maison de fr. 3 600; mais alors l'opération ne présenterait plus le même caractère déterminatif.

BROUILLARD. — Janvier 1861.

FOLIOS du Journal.	DÉSIGNATION DES ARTICLES.	Débit.		Crédit.	
	Reports.	266 615	81	93 795	25
	———— *Le 11 Janvier.* ————				
73	EFFETS, à BONTEMPS (Firmin), de Rennes, et à PROFITS et PERTES,				
	Pour remise qu'il nous a faite du Billet de Crampon (Sylvestre), de Fécamp, à son ordre, créé le 25 Décembre 1860, et payable le 21 Juillet 1861, de fr.	2 000	»	»	»
	Avec déduction sur fr. 2 000				
	Des intérêts à 5 p. °/₀ en 191 jours, de fr. 52 33				
	D'une Commission de 1/4 p. °/₀, de fr. . . . . 5 »				
	D'une Change de place de 1/2 p. °/₀, de fr. . . . . 10 »				
	Ensemble fr. . . . . ———— 67 33				
	Valeur actuelle résultant en faveur de Bontemps, fr. , ... 1 932 67				
	———— *Le 12 Janvier.* ————				
73	CARDON (Jacques), de Nantes, et PROFITS et PERTES, à EFFETS et à CAISSE.				
	P. acquit de la c. de Cardon sur la M. de fr. 3 000 »				
	Avec un billet de Crampon (Sylvestre), de Fécamp, à l'ordre de Bontemps (Firmin), de Rennes, créé le 25 Décembre 1860, et payable le 21 Juillet 1861, de fr. . . . 2 000 »				
	Dont il faut déduire :				
	Intérêts à 4 p. °/₀ pendant 190 jours de fr. 41 64				
	Et change de place de 1/3 p. °/₀, de fr. 6 67				
	———— 48 31				
	Et avec espèces complétives de fr. . . ———— 1 048 31	»	»	3 048	31
73	BONTEMPS (Firmin), de Rennes, à MARCHANDISES, et CAISSE à BONTEMPS,				
	Pour vente,				
	De 1° 2 pièces d'Armagnac,				
	B, nᵒˢ 2 et 3,				
	De 215 litres chacune,				
	A fr. 400 la pièce,				
	Ensemble fr. . . . . 800 »				
	Payables au 15 Avril prochain,				
	Et 2° 10 caisses de savon,				
	A reporter . . . 800 »	268 615	81	96 843	56

BROUILLARD. — Janvier 1861.

FOLIOS du Journal.	DÉSIGNATION DES ARTICLES.	Débit.		Crédit.	
	Reports . . . 800 »	268 615	81	96 843	56
	BF, nᵒˢ de 80 à 89, De 120 kilo. la caisse, En somme 1200 kilo., A fr. 200 les °/₀ k., Ensemble fr. . . . . 2 400 »				
	Dernière Valeur payable le 7 Mars prochain, sur laquelle sont à déduire par condition, Espèces reçues au comptant fr.	»	»	3 200	»
	D'où il reste dû à la Maison par Bontemps,	500	»	»	»
	Au 15 Avril prochain fr. . . . . 800 » Et au 7 Mars prochain fr. . . . . . 1 900 »				
	——— *Le 12 Janvier.* ———				
73	CAISSE, à BERNAUT (Jérôme), d'Aubusson, Pour l'emprunt qui nous lui avons fait de fr.	2 500	»	»	»
	——— *Le 14 Janvier.* ———				
73	BERNAUT (Jérôme), d'Aubusson, à CARTON (Alphonse), de Neufchâtel, et à CAISSE, Pour solde de la Créance du 1ᵉʳ due par nous de fr. . . . . 2 500 » Par la créance du 2ᵉ qui nous est acquise de fr. 1 300 » Et avec notre remise en Espèces de fr.	»	»	1 200	»
	——— *Le 15 Janvier.* ———				
73	CAISSE A EFFETS, Pour remboursement de l'Effet Quémin (Victor), de Rennes, à notre ordre payable ce jour, fr.	5 000	»	5 000	»
73	BRAME (Emmanuel), de Paris, et PROFITS et PERTES, à EFFETS, Pour négociation de 2 Effets à l'ordre de Duchatel, L'un créé par Conin (Etienne), de Lille, du 8 Novembre 1860, payable le 19 Décembre 1861, de fr. . . 600 » L'autre, par Delambre (Isidore), de Toulouse, du 16 Décembre 1860, payable le 24 Juil- let 1861, de fr. . . . . 500 » Avec déduction Des intérêts à 5 p. °/₀ Sur fr. 600 en 338 jours, de fr. 27 78 Sur fr. 500 en 190 jours, de fr. 13 00 ————— 40 79 De la Commission de 1/4 p. °/₀ sur fr. 1 100 . . . . 2 75	»	»	1 100	»
	A reporter . 43 54	276 615	81	107 343	56

BROUILLARD. — Janvier 1861.

FOLIOS du Journal.	DÉSIGNATION DES ARTICLES.	Débit.		Crédit.	
	Reports . . . 43 54	276 615	81	107 343	56
	Du Changé de Place de 1/2				
	p. % 5 50				
	49 04				
	D'où l'importance actuelle des 2 Effets se réduit				
	à fr. 1 050 96				
	——— Le 16 Janvier. ———				
73	PROFITS ET PERTES A CAISSE,				
	Pour Disparition d'un Billet de banque de fr.	»	»	1 000	»
73	MARCHANDISES, à CHAMPFLEURY (Alphonse), de Fontainebleau, et CHAMPFLEURY à CAISSE,				
	Par suite de son envoi pour vente à Commission à 5 p. % de				
	10 tonnaux de vin de Bordeaux,				
	C, nᵒˢ de 27 à 36,				
	De 215 litres chacun, pʳ. . . .	Mᵉ	»	»	
	Sur frais d'arrivage de fr.	»	»	50	»
75	MARTINET, (Armand), de Melun, à MARCAANDISES,				
	Pour vente d'une Maison sise à Lunel, rue des Tombeaux nᵒ 25,				
	par le ministère de Mᵉ Ricart notaire au dit Lunel, de fr. . .	»	»	6 000	»
	Dont fr. 4 000 payables le 25 Janvier courant,				
	et fr. 2 000 le 18 Février prochain.				
75	POINTIN, (Albéric), de Clermont, à MARCHANDISES,				
	Pour vente,				
	De 8 pièces d'Armagnac,				
	PA, nᵒˢ de 12 à 19,				
	De 300 litres chacune,				
	A fr. 390 la pièce,				
	Ensemble fr.	»	»	3 120	»
	Valeur payable le 15 Juillet prochain.				
	——— Le 17 Janvier. ———				
75	DESAINTFUSSIEN, (Louis), de Vannes, à MARCHANDISES,				
	Pour expédition que nous lui avons faite de vente à Commission				
	de 6 p. %,				
	De 5 tonnaux de vin de Champagne,				
	RZ, nᵒˢ de 1 à 5,				
	De 215 litres chacun,				
	De.	»	»	Mᵉ	»
	A reporter.	276 615	81	117 513	56

BROUILLARD. — Jauvier 1861.

FOLIOS du Journal.	DÉSIGNATION DES ARTICLES.	Débit.		Crédit.	
	Reports	276 615	81	117 513	56
	——— *Le 18 Janvier.* ———				
75	EFFETS, à MARTINET, (Armand), de Melun,				
	Pour sa remise de 2 Effets à notre ordre en acquit de sa créance, de ce jour,				
	L'un payable le 25 Janvier courant de fr. . . . 4 000 »				
	L'autre, le 18 Février prochain de fr. . . . . 2 000 »	6 000	»	»	»
75	MARCHANDISES, à LEDUC (Germain), de Paris,				
	Pour acquisition,				
	D'un Jardin d'agrément à Issy de fr.	3 250	»	»	»
	Payable à 3 mois de délai,				
75	LEDUC (Germain), de Paris, à DESAINTFUSSIEN (Louis), de Vannes,				
	Pour acquit de la créance du 1er, que nous autorisons par virement, au moyen d'une traite sur le 2me à 3 mois, de fr. . . . . 3 250 »				
75	MARCHANDISES A EFFETS,				
	Pour achat, par Jussieu (Alfred), de Liomer, au C/ de la Maison,				
	De 100 Tonnes d'huile de Colza,				
	JA, nos de 1 à 100,				
	De 50 litres chacune,				
	A fr. 93 25 la tonne.				
	Ensemble fr. . . . . 9 325 »				
	Sur frais divers de fr. 66 18				
	Et Commission de 2 p. °/o sur				
	fr. 9 325 ou fr. 186 50				
	——————— 25 268 »	9 577	68	»	»
	Ce qui constitue l'importance de la Traite de Jussieu sur nous de ce jour payable le 16 Mai prochain de fr.	»	»	9 577	68
75	EFFETS, à PROFITS et PERTES et à POINTIN (Albéric), de Clermont,				
	Pour la remise qu'il n'a faite de sa traite sur Gosselin (Clément), de Paris, du 2 Janvier courant, payable le 16 Mai prochain, de fr. . . .	3 000	»	»	»
	Avec déduction des intérêts à 6 p. °/o sur fr. 3 000 en 117 jours de fr. 57 70				
	Et d'une Commission de 2 p. °/o sur				
	la même somme de fr. . . . 60 »				
	——————— 117 70				
	D'où il résulte pour la valeur actuelle acquise				
	à Pointin fr. 2 882 30				
	A reporter.	298 443	49	127 091	24

BROUILLARD. — Janvier 1861.

FOLIOS du Journal.	DÉSIGNATION DES ARTICLES.	Débit.		Crédit.	
	Reports	298 443	49	127 091	24
	———— Le 18 Janvier. ————				
75	CAISSE, A BRAME (Emmanuel), de Paris,				
	Pour sa remise,				
	En Espèces de fr.	1 000	»	»	»
75	MARCHANDISES, à LEFORT (Constantin), de Breteuil,				
	Pour achat,				
	De 6 pièces de vin de Cahors,				
	LF, n°⁵ de 50 à 55,				
	De 200 litres l'une,				
	A fr. 600 la pièce,				
	Ensemble fr.	3 600	»	»	»
	Valeur payable à 3 mois.				
75	EFFETS A CAISSE,				
	Pour acquit de la traite de Guillemard (Séraphim), de Guise, à l'ordre de Blanchard (Emile), de Reims, de fr.	2 000	»	2 000	»
75	CAISSE A MARCHANDISES,				
	Pour vente, à des Etrangers.				
	De 25 tonneaux de vin du Rhin,				
	T, n°⁵ de 35 à 59,				
	De 162 litres chacun,				
	A fr. 210 le tonneau,				
	Ensemble fr.	»	»	5 250	»
	Payés comptant fr.	5 250	»	»	»
	———— Le 19 Janvier. ————				
75	CHAMPFLEURY (Alphonse), de Fontainebleau, à MARCHANDISES, PROFITS et PERTES à CHAMPFLEURY, FRÉMONT (Constant), de Neuilly, à CHAMPFLEURY, et CAISSE à FRÉMONT,				
	Pour vente,				
	De l'expédition de Champfleury du 16 courant à commission p'.	M'ᵉ	»	»	»
	Sur frais d'arrivage de fr. . . . . . . '50 »				
	De 10 Tonneaux de vin de Bordeaux,				
	C, n°⁵ de 27 à 36,				
	De 215 litres hacun,				
	A fr. 250, l'un,				
	Ensemble fr. . . . . 2 500 »				
	Au comptant,				
	Sur Espèces remises à compte de fr.	375	»	»	»
	A reporter.	310 668	49	134 341	24

BROUILLARD. — Janvier 1861.

FOLIOS du Journal.	DÉSIGNATION DES ARTICLES.	Débit.		Crédit.	
	Reports.	310 668	49	134 341	24
	———— *Le 19 Janvier.* ————				
75	CHAMPFLEURY (Alphonse), de Fontainebleau, à FRÉMONT (Constant), de Neuilly, à CAISSE et à PROFITS et PERTES,				
	Pour solde, de l'exp. des 10 t. de vin de Bordeaux du 2 courant, C, nᵒˢ de 27 à 36, .				
	De 215 litres chacun,				
	De Champfleury, vendus à Frémont,				
	A fr. 250 l'un,				
	Ensemble fr. . . . . 2 500 »				
	Ainsi qu'il suit :				
	En notre mandat à vue sur Frémont de fr. . 2 125 »				
	Avec déduction,				
	Des frais d'arrivage de fr. . . . 50 »				
	Sur fr. 2 500,				
	De notre commission de 5 p. °/₀, de fr. 125 · »				
	175 »				
	Du courtage payé à 1/2 p. °/₀, de fr. 12 50				
	Plus en Espèces fr. 187 50				
		»	»	200	»
	———— *Le 20 Janvier.* ————				
75	LEFORT (Constantin), de Breteuil, à EFFETS,				
	Pour acceptation				
	De son Mandat sur nous à l'ordre de Bachimont (Bertrand), d'Aurillac, de ce jour, à échéance le 20 Avril 1861, de fr. .	»	»	1 800	»
75	BONTEMPS (Firmin), de Rennes, à CAISSE, et FOURNIER (Louis), de Lyon, à BONTEMPS,				
	Pour remise faite à Bontemps				
	De 3 Billets de Banque de chacun fr. 500,				
	Ensemble fr.	»	»	1 500	»
	Et traite par nous sur lui à l'ordre de Fournier, de ce jour, payable le 24 courant, de fr. . . . . . 400 »				
75	MARCHANDISES, à FOURNIER (Louis), de Lyon, et FOURNIER à FRÉMONT (Constant), de Neuilly,				
	Pour achat,				
	D'une caisse de sucre,				
	FL, nᵒ 8,				
	De 200 kilog.				
	A fr. 1 40 le kilo,		»		»
	A reporter.	310 668	49	137 841	24

BROUILLARD. — Janvier 1861.

FOLIOS du Journal.	DÉSIGNATION DES ARTICLES.	Débit.		Crédit.	
	Reports.	310 668	49	137 841	24
	Ensemble fr. . . . . 280 »				
	Et d'une Balle de café Haïti,				
	FR, n° 37,				
	De 100 kilos,				
	A fr. 2 le kilo,				
	En somme fr. . . . . 200 »	480	»	»	»
	Contre notre Mandat sur Frémont à l'ordre de				
	Fournier à présentation, de fr. . . . . . 300 »				
	———— *Le 20 Janvier.* ————				
77	PROFITS ET PERTES A CAISSE,				
	Pour envoi à Poussaint (Théodore), voyageur de la Maison, à				
	Troyes, pour notre compte,				
	D'Espèces de fr. . . . . 1 000 »				
	Avec frais de port de fr. . . . . 5 »	»	»	1 003	»
77	PROFITS ET PERTES A CAISSE,				
	Pour menues dépenses de la Maison fr.	»	»	300	»
77	BRAME (Emmanuel), de Paris, et PROFITS et PERTES, à EFFETS,				
	Pour remise à Brame,				
	Du Billet Marcellin (Jacques), de Paris, à l'ordre de Colomb				
	(Prosper), de Cette, du 6 courant, payable le 27 Avril 1861,				
	de fr.	»	»	6 000	»
	Avec déduction sur fr. 6 000,				
	Des intérêts à 6 p. °/° en 97 jours, de fr. 95 67				
	Et d'une commission de 1/4 p. °/°,				
	de fr. . . . . 15 »				
	————				
	110 67				
	D'où l'importance actuelle de l'Effet se réduit à fr. 5 889 33				
	———— *Le 22 Janvier.* ————				
77	FRÉMONT (Constant), de Neuilly, à FOURNIER (Louis), de Lyon,				
	FOURNIER à BRAME (Emmanuel), de Paris, et CAISSE à FRÉMONT,				
	Pour retour notre mandat sur Frémont o/ Fournier du 20 janv.				
	dernier, de fr. . . . . . 300 »				
	Sur frais, de fr. . . . . . . 10 »				
	————				
	310 »				
	Avec remise à Fournier de notre mandat à son o/ sur Brame, à				
	vue, de pareille somme fr. . . . . . 310 »				
	Contre espèces reçues de Frémont de fr.	310	»	»	»
	A reporter.	311 458	49	145 144	24

BROUILLARD. — Janvier 1861.

FOLIOS du Journal.	DÉSIGNATION DES ARTICLES.	Débit.		Crédit.	
	Reports	311 458	49	145 144	24
	—— Le 22 Janvier. ——				
77	MARCHANDISES et PROFITS et PERTES, à DESAINTFUSSIEN (Louis), de Vannes,				
	De laisser pour compte chez ce dernier d'une pièce de vin de Champagne, RZ n° 5, de 215 litres avariée de n/ expédition du 17 courant, sur commission à 6 p. °/° du résultat de la vente, pour . . . . Avec frais et déboursés de transport de fr. . . 65 »	M^{se}	»	»	»
	—— Le 23 Janvier. ——				
77	CAISSE A MARCHANDISES, Pour vente, De 3 actions du chemin de fer de Strasbourg, Sous les n° de 125 à 127, De fr. 1000, l'une,				»
	Ensemble de fr. . . . . Au comptant, de pareille somme de fr. . . .	» 3 000	» »	3 000 »	» »
77	CAISSE A PROFITS ET PERTES, Pour bénéfices de diverses opérations au dehors, de fr. . . .	400	»	»	»
77	MARCHANDISES A PROFITS ET PERTES, Pour la récolte de nos vignes, De 10 pièces de vin ordinaire de pays, V. n° de 1 à 10, De 100 litres chacune, Estimées valoir fr. 80, la pièce, Ensemble fr.	800	»	»	»
	—— Le 24 Janvier. ——				
77	PROFITS ET PERTES A CAISSE, Pour à-compte des impositions de l'année, fr.	»	»	200	»
	—— Le 25 Janvier. ——				
77	EFFETS A CAISSE, Pour acquit de la Traite sur nous de Lafontaine (François), de Brignolles, à l'ordre de Florentin (Alfred), de Vervins du 19 novembre dernier, payable ce jour de fr.	3 000	»	3 000	»
	A reporter	318 658	49	151 344	24

BROUILLARD. — Janvier 1861.

FOLIOS du Journal.	DÉSIGNATION DES ARTICLES.	Débit.		Crédit.	
	Reports.	318 658	49	151 344	24
	———— *Le 25 Janvier.* ————				
77	PROFITS ET PERTES A MARCHANDISES, Pour vente à Albarès (Vincent), d'Alger, disparu, D'une pièce de vin de Champagne, A, n° 17, De 300 litres, Au prix de fr. . . . . Valeur recouvrable à 2 jours.	»	»	500	»
77	CAISSE A EFFETS, Pour acquit à la maison du billet Martinet (Armand), de Melun, du 18 courant, payable ce jour, de fr.	4 000	»	4 000	»
	———— *Le 26 Janvier.* ————				
77	EFFETS A MARCHANDISES, Pour vente à Quémin (Victor), de Rennes, De 12 barils d'huile d'olive, QV, n°ˢ de 1 à 12, De 110 kilog. l'un, Ensemble 1320 kilog., A fr. 350 les °/₀ kilog., En somme fr. . . . . Contre notre Traite sur lui à notre ordre, de ce jour, payable le 25 avril prochain, de même valeur, de fr.	» 4 620	»	4 620 »	»
77	EFFETS A MARCHANDISES, Pour vente à Favart (Emile), de Poix, D'une pièce d'Armagnac, F, n° 1, De 200 litres, Au prix de fr. . . . . Qu'il a payé en un mandat sur la poste de pareille importance, de fr.	» 400	» »	400 »	» »
	———— *Le 27 Janvier.* ————				
77	CAISSE et BRAME (Emmanuel), de Paris, à MARCHANDISES, Pour vente à Fournier (Louis), de Lyon, De 20 tonnes d'huile de Colza, F, n°ˢ de 42 à 61, De 130 kilog. l'une, En somme 2 600 kilog.,				
	A reporter.	327 678	49	160 864	24

FOLIOS du Journal.	DÉSIGNATION DES ARTICLES.	Débit.		Crédit.	
	Reports.	327 678	49	160 864	24
	A fr. 300 les °/₀ kilog.				
	Ensemble fr.	»		7 800	
	Acquittée,				
	En partie par sa remise pour notre csmpte chez Brame,				
	de fr. . . . . 4 000 »				
	Et le reste en Espèces reçues de lui de fr.	3 800	»	»	»
	———— *Le 27 Janvier.* ————				
77	MARCHANDISES à DESAINTFUSSIEN (Louis), de Vannes, DESAINT- FUSSIEN à MARCHANDISES, et MARCHANDISES, CAISSE et PROFITS et PERTES à DESAINTFUSSIEN,				
	Pour acquit de la vente				
	De la partie restante de notre expédition du 17 courant, pour	Mᵐᵉ	»	»	»
	4 Tonneaux de vin de Champagne,				
	RZ, nᵒˢ de 1 à 4,				
	De 215 litres chacun,				
	A fr. 562 50 le tonneau,				
	Ensemble fr.	»	»	2 250	»
	Déduction faite de sa commission à 6 p °/₀ sur les fr. 2 250,				
	de fr. . . . . 135 »				
	Avec un coupon de rente 3 °/₀ Belge de la valeur				
	de fr. . . . . 1 500 »				
	Plus sa remise en Espèces, de fr. . . . . . 615 »				
		2 115	»	»	»
	———— *Le 28 Janvier.* ————				
77	CAISSE A PROFITS ET PERTES,				
	Pour acquit de la créance d'Albarés (Vincent), d'Alger, du 25 c,.				
	qu'on croyait perdue, de fr.	500	»	»	
77	CAISSE et PROFITS et PERTES à FOURNIER (Louis), de Lyon,				
	Pour solde par suite de sa faillite,				
	Sur la dette de fr. . . . . 220 »				
	Reçu	100	»	»	»
	D'où résulte la perte de fr. . . . . . . 120 »				
77	PROFITS ET PERTES A MARCHANDISES,				
	Pour vente à Ganimède (Théophile), de Bourges, insolvable,				
	D'une pièce de vin de Bourgogne,				
	GT, nᵒ 35,				
	De 175 litres,				
	Du prix de fr.	»	»	200	»
	A reporter . . . 800 »	334 193		114	24

BROUILLARD. — Janvier 1861.

FOLIOS du Journal.	DÉSIGNATION DES ARTICLES.	Débit.		Crédit.	
	Reports	334 193	49	171 114	24
	——— *Le 29 Janvier.* ———				
79	MARCHANDISES A CAISSE ET A PROFITS ET PERTES,				
	Pour achat à Bourgeois (Nicolas), de Chaulnes, De 3 Fûts de Cognac, B, n°ˢ 18, 19, et 20, De 150 litres l'un, A fr., 200, le Fût,				
	Ensemble fr.	600	»	»	»
	Au comptant, Avec escompte 3. °/₀ sur fr. 600 de fr. 18 » Déduction faite pour cause d'avaries de fr. . . . . 125 »				
		143	»		
	Que la maison a soldé en Espèces de fr.	»	»	457	»
79	Le NANTAIS de 300 tonneaux, Capitaine BERTON (Marc), à Bordeaux, à MARCHANDISES,				
	Pour expédition en consignation par mer avec destination des Antilles, à l'adresse de Morizel (Joseph), armateur, devant être mise à la voile le 15 février prochain, De 10 pièces de vin de Champagne, NT, n°ˢ de 35 à 44, De 420 litres chacune,				
	Pour	»	»	M⁽ᵐ⁾	»
79	CAISSE A PROFITS ET PERTES,				
	Pour location reçue de notre jardin d'Issy, de Gratien (François), du dit Issy, en la présente année 1861, de fr.	25	»	»	»
79	PROFITS ET PERTES A MARCHANDISES,				
	Pour cadeau fait à Josse (Lucien), de Corbie, D'une pièce de vin du Rhin, J, n° 1, De 300 litres,				
	Evaluée fr.	»	»	425	»
	——— *Le 30 Janvier.* ———				
79	CAISSE à MARCHANDISES,				
	Pour vente de notre cheval de camion fr.	»	»	1 000	»
	Au comptant fr.	1 000	»	»	»
	A reporter.	335 818	49	172 996	24

BROUILLARD, — Janvier 1861.

FOLIOS du Journal.	DÉSIGNATION DES ARTICLES.	Débit.		Crédit.	
	Reports	335 818	49	172 996	24
	— *Le 30 Janvier.* —				
79	Sévin (Charles), de Mende, à Caisse				
	Pour remise à Mertz (Boniface), de Strasbourg, au compte de Sévin, en Espèces, fr.	»	»	100	»
	Profits et Pertes a Caisse,				
	Pour acquit du 1ᵉʳ trimestre de l'année de la pension des enfants de la maison, de fr.	»	»	400	»
79	Effets a Caisse,				
	Pour acquit de la Traite Renaud (Jean-Baptiste), de Vervins, sur nous, à terme ce jour, de fr.	8 000	»	8 000	»
	— *Le 31 Janvier.* —				
79	Profits et Pertes a Caisse,				
	Pour solde des dépenses suivantes du mois : Appointements des employés fr. . . . . 300 » Gages des garçons et domestiques fr. . . . 250 » Ports de lettres fr. . . . . 52 » Pour boire, fr. . . . . 25 »	»	»	627	»
79	Marchandises a Marchandises,				
	Pour échange De une pièce de Cognac, X, n° 24, De 470 litres, Pour . . . . Contre 6 pièces de toile, Z, nᵒˢ de 101 à 106, De 200 mètres chacune Pour	Mᵗᵉ	»	Mᵗᵉ	»
79	Marchandises, à Welmar (Florentin), de Strasbourg,				
	Pour remise, De 2 barils de vin de Madère, W, nᵒˢ 16 et 108, De 35 litres le baril, Évalués fr. . . . . contre sa créance due à la maison aussi de fr. 240.	240	»		»
	A reporter.	344 058	49	182 123	24

BROUILLARD. — Janvier 1861.

FOLIOS du Journal.	DÉSIGNATION DES ARTICLES.	Débit.		Crédit.	
	Reports.	344 058	49	182 123	24
	—— *Le 31 Janvier.* ——				
79	Pour intérêts par comptes à 6 p. °/₀ arrêtés ce jour,				
	DUCHATEL (Pierre), de Colmar,				
	Art. des 1, 4, 7, et 8 courant, sur				
	balance, fr. 74 40				
	BRAME (Emmanuel), de Paris,				
	Art. des 2, 4, 6, 15, 18, 20, 22 et				
	27 courant, sur balance, fr. . . . 189 10				
	FORTIN (Paul), d'Avignon;				
	Art. du 3, fr. . . . . 14 »				
	SÉVIN (Charles), de Mende,				
	Art. des 4 et 30 courant, s/ bal., fr. 73 52				
	DESAINTFUSSIEN (Louis), de Vannes,				
	Art. des 18 et 22, sur balance, fr. 41 61				
	LEFORT (Constantin), de Breteuil,				
	Art. des 18 et 20, sur balance, fr. . 22 50				
	415 13				
	A PROFITS ET PERTES;				
	ET PROFITS ET PERTES				
	A BONTEMPS (Firmin), de Rennes,				
	Art. des 1, 3, 11, 12 et 20 c., sur				
	balance, fr. 25 61				
	A FRÉMONT (Constant), de Neuilly,				
	Art. des 2, 19, 20 et 22, s/ bal., fr. 14 30				
	A CHAMPFLEURY (Alphonse), de Fon-				
	tainebleau,				
	Art. des 3, 8, 16 et 19, s/ bal., fr. 0 94				
	A POINTIN (Albéric), de Clermont,				
	Art. des 16 et 18, s/ bal., fr. . . 92 05				
	132 90				
79	MARCHANDISES A PROFITS ET PERTES,				
	Excédant sur le compte de l'Inventaire des Marchandises. . .	18 557	07	»	»
	Reports	362 615	36	182 123	24

9

BROUILLARD. — Janvier 1861,

FOLIOS du Journal.	DÉSIGNATION DES ARTICLES.	Débit.		Crédit.	
	Reports.	362 615	56	182 123	24
	CONTROLE,				
	AVEC LES LIVRES DU MOUVEMENT.				
	Livre d'Entrée et de Sortie fr. . . . . . 141 380 »				
	Caisse particulière fr. . . . . 38 970 »				
	Carnet d'Echéance fr. 142 32				
	BALANCE . . .	»	»	180 492	32
		362 615	56	362 615	56
	Le 1ᵉʳ Février 1861.				
79	**SUR INVENTAIRE,**				
	1° DIVERS A CAPITAL,				
	Les Marchandises et les Propriétés fr. . . . 141 380 »				
	La Caisse fr. . . . . 38 970 »				
	Les Effets à recevoir fr. . . . . 11 520 »				
	»	191 870	»		
	Les Débiteurs fr. 52 107 69				
	Actif, D. à Cap. fr. . . . 243 977 69				
	2° CAPITAL A DIVERS,				
	Les effets à payer fr. 11 377 68				
	»				
	Les Créanciers fr. 17 647 28	»	»	11 377	66
	Passif, C. à Cap. fr. . . . 29 024 96				
	Balance, Cap. réel fr. . . 214 952 73				
	Somme égale fr. . . 243 977 69				

VI.

MODÈLE DU JOURNAL.

INTRODUCTION.

—

I. CARACTÈRES DU JOURNAL.

Le Journal a pour but la mise en Comptes Généraux des articles du Brouillard, simplement exposés dès lors, mais clairement.

Les données à terme sont nécessairement à reproduire ici.

Le Journal se contrôle par lui-même dans les Comptes Généraux au moyen du Capital constant, et avec le Brouillard dans les Eléments du Mouvement.

Le Journal, tel que) nous l'offrons, peut suffire pour le demi-gros et le détail, indépendamment du Brouillard. Maisalors il doit être soumis aux prescriptions de la Loi.

II. ECRITURES DU JOURNAL.

1° *Exposé des Articles.*

Soit donnée cette opération au Brouillard.

Effets a Lefrançois Maurice, de Boulogne,

Pour la remise,

De son Billet de ce jour à notre ordre de l'importance de sa dette de fr. 650.

Payable à vue ;

Il devient plus simplement, mais mis en Comptes Généraux au Journal :

	D. Effets. C.	D. Divers. C.
Effets a Lefrançois Maurice, de Boulogne, pour la remise de son Effet à vue, de fr.	650 | »	» | 650

Au Journal se portent le folio du Brouillard d'où provient l'article et le folio du Compte du Grand-Livre qu'il augmente, quand il y a lieu.

2° *Contrôles et Balances*

Comme le Capital reste constant à in suite des opérations, la somme des débits égale à la somme des Crédits est une preuve de l'exactitude des Ecritures : ce qui se vérifie pour plus de sûreté au moins une fois chaque page, au moment d'écrire les reports.

A l'arrêté des Comptes,

Après l'exposé du contrôle des Comptes Généraux du Journal entre eux,

Vient celui des Comptes des données palpables du Journal qui se balancent avec la différence du Débit au Crédit du Brouillard.

3° *Résultats pour l'Inventaire.*

Les Comptes de commerce se trouvant chargés outre les quantités effectives eu instance de quantités annihilées les unes par les autres sur Entrée et Sortie, sont à ramener à l'expression de leur caractère actuel par des inventaires spéciaux, de sorte que les résultats qu'ils offrent ne sont à considérer en dehors de l'exactitude des faits que comme les termes du contrôle des données qui leur sont substituées à nouveau.

APPLICATIONS.

BEAUCOMTÉ et Cie,

DE PARIS.

JOURNAL.

1861,

DU 1er JANVIER, AU 1er FÉVRIER.

JOURNAL.

FOLIOS		DATES.		NOMS DES COMPTES-GÉNÉRAUX ET DES PARTICULIERS.	DÉSIGNATION DES ARTICLES.
du Brouillard.	du Grand-Livre.				
47	8 587	Janvier.	1er	DIVERS à CAPITAL, et CAPITAL à DIVERS . . .	D'après Inventaire . . . .
47	87	Id.	2	BRAME (Emmanuel), de Paris, à CAISSE. . .	Versement de fonds . . . . . .
47	«	Id.	»	PROFITS et PERTES à CAISSE	Achats de fournitures de bureau, et d'ustensiles de magasin . . .
47	87	Id.	»	FRÉMONT (Const.), de Neuilly, à MARCHANDISES.	Vente de 3 pièces de vin de Champagne et de 2 fûts de cognac . . . . . à 2 mois.
48	86	Id.	3	BONTEMPS (Firmin), de Rennes, à CAISSE .	Solde de sa créance par nous . . . .
48	88	Id.	»	CHAMPFLEURY (Alphonse), de Fontainebleau, et PROFITS et PERTES, à MARCHANDISES . .	Vente sur escompte de 4 pièces d'Armagnac, et 1 futaille de vin du Rhin. . . à 8 jours.
48	88	Id.	»	WELMAR (Florentin), de Strasbourg, à MARCHANDISES.	Vente d'une caisse de savon . . à 28 jours.
48	88	Id.	»	FORTIN (Paul), d'Avignon, à CAISSE . . .	Prêt d'argent . . . .
49	89	Id.	4	MARCHANDISES à SÉVIN (Charles), de Mende .	Achat de 6 barriques de vin des Vosges et de 10 pièces de vin de Médoc . . . à 3 mois.
49	85	Id.	»	CAISSE à DUCHATEL (Pierre), de Colmar .	A-compte reçu. . . . .
49	»	Id.	»	MARCHANDISES à CAISSE et à PROFITS et PERTES.	Achat à Richard (Florimond), de Stuttgard, de 24 pièces de vin du Rhin, sur escompte . .
49	87	Id.	»	CAISSE à BRAME (Emmanuel), de Paris . . .	Espèces remises à la maison . . . . .
49	85	Id.	»	MARCHANDISES à DUCHATEL (Pierre), de Colmar.	Achat de 80 pièces de vin de Beaune, à 4 mois.
50	87	Id.	»	MARCHANDISES, à CAISSE et à BRAME (Emmanuel), de Paris	Octroi de 11 pièces de vin de Beaune, et timbre avec Espèces et Bon sur Brame par un tiers.
50	»	Id.	5	EFFETS à MARCHANDISES	Vente à Desaintfussien (Louis), de Vannes, de 10 pièces de vin de Bourgogne, acq. en S. B. de ce jour, au 3 avril prochain . . . .
50	»	Id.	»	PROFITS et PERTES à MARCHANDISES	1 pièce de vin de Bourgogne en consommation.
50	87	Id.	6	EFFETS à BRAME (Emmanuel), de Paris, et à PROFITS et PERTES	Escompte à Colomb (Prosper), de Cette, du Billet de Marcellin (Jacques), de Paris, au profit de Colomb, au moyen de notre Bon à vue sur Brame . . . . au 27 avril.
51	86 87	Id.	»	FAVART (Emile), de Poix . . . . . Et RICBOURG (Stanislas), de Vron. . . . . à CAISSE	Acquit de leurs créances par nous . . . .
					A Reporter . . . .

Janvier 1861.

MARCHANDISE ET PROPRIÉTÉS		CAISSE		EFFETS		PROFITS ET PERTES		DIVERS COMPTE DES PARTICULIERS	
Débit	Crédit	Débit	Crédit	Débit	Crédit	Débit	Crédit	Débit	Crédit
30 000 »	» »	60 000 »	» »	15 000 »	13 000 »	» »	» »	15 000 »	7,000 »
» »	» »	» »	50 000 »	» »	» »	» »	» »	50 000 »	» »
» »	» »	» »	500 »	» »	» »	500 »	» »	» »	» »
» »	2 750 »	» »	» »	» »	» »	» »	» »	2 750 »	» »
» »	» »	» »	1 500 »	» »	» »	» »	» »	1 500 »	» »
» »	2 050 »	» »	» »	» »	» »	123 »	» »	1 927 »	» »
» »	240 »	» »	» »	» »	» »	» »	» »	240 »	» »
» »	» »	» »	3 000 »	» »	» »	» »	» »	3 000 »	» »
7 000 »	» »	» »	» »	» »	» »	» »	» »	» »	7 000 »
» »	» »	4 000 »	» »	» »	» »	» »	» »	» »	4 000 »
2 000 »	» »	» »	1 960 »	» »	» »	» »	40 »	» »	» »
» »	» »	9 000 »	» »	» »	» »	» »	» »	» »	9 000 »
4 800 »	» »	» »	» »	» »	» »	» »	» »	» »	4 800 »
440 25	» »	» »	200 25	» »	» »	» »	» »	» »	240 »
» »	1 500 »	» »	» »	1 500 »	» »	» »	» »	» »	» »
» »	160	» »	» »	» »	» »	160 »	» »	» »	» »
» »	» »	» »	» »	6 000 »	» »	» »	91 23	» »	5 908 77
» »	» »	» »	» »	» »	» »	» »	» »	2 000 »	» »
» »	» »	» »	» »	» »	» »	» »	» »	500 »	» »
» »	» »	» »	2 500 »	» »	» »	» »	» »	» »	» »
44 240 25	6 700 »	73 000 »	59 660 25	22 500 »	13 000 »	783 »	131 23	76 917 »	37 948 77

JOURNAL.

FOLIOS		DATES.		NOMS DES COMPTES-GÉNÉRAUX. ET DES PARTICULIERS.	DÉSIGNATION DES ARTICLES.
du Brouillard	du Grand-Livre				
					Reports.
51	85	Janvier.	7	CAISSE. à DUCHATEL (Pierre), de Colmar.	Reliquat de sa créance qu'il acquitte.
	85			et à CARTON (Alphonse), de Neufchatel .	A compte sur sa créance à la maison .
51	88	Id.	8	CAISSE à CHAMPFLEURY (Alphonse), de Fontainebleau .	Solde de sa cr. du 3 c, due à la m., escompte déd.
51	85	Id.	»	EFFETS à DUCHATEL (Pierre), de Colmar, et à PROFITS et PERTES .	Remise par Duchatel de deux effets : 1° L'un de Conin, au 19 déc. 1861, 2° L'autre de Delambre, au 24 janvier 1861, Sur déd. des int. de la com. et du ch. de p.
52	85	Id.	9	CAISSE à DUPUIS (Joseph), de Laon, et à CAISSE .	Acquit de sa créance due à la maison.
52		Id.	10	CAISSE et PROFITS et PERTES à EFFETS .	N. du b. Verdeau à Breton au 20 juin 1861, sur déduction contre espèces.
52		Id.	»	PROFITS et PERTES à CAISSE .	Port d'échant. et affranchis. de colis.
52		Id.	»	MARCHANDISES à CAISSE .	Achat de 3 ac. du ch. de fer ds Strasbourg
53	86	Id.	11	EFFETS à BONTEMPS (Firmin), de Rennes, et à PROFITS et PERTES .	R. du B. de Crampon par Bontemps, au 24 juil. sur déduction .
55	86	Id.	12	CARDON (J.), de Nantes, et PROFITS et PERTES, à EFFETS et à CAISSE .	Acquit de la cr. de Cardon s. n., Avec le b. de Crampon s. déd., et esp. compl.
53	86	Id.	»	BONTEMPS (Firmin), de Rennes, à MARCHANDISES et CAISSE à BONTEMPS .	Vente de 2 p. d'Armagnac et de 10 c. de savon. Les 2 p. d'Armagnac, pay. *le 15 avril proc.* Les 10 c. de sav., esp. à c. déd., *le 7 mars p.*
54	89	Id.	»	CAISSE à BERNATT (Jérôme), d'Aubusson.	Emprunt fait à lui par la maison .
54	89–85	Id.	14	BERNAUT (Jérôme), d'Aubusson, à CARTON (Alp.), de Neufchatel, et à CAISSE.	Solde de la cré. du 1er sur nous avec la cré. du 2me qui n. est due et notre rem. en espèces.
54		Id.	15	CAISSE à EFFETS.	Remb. de l'effet Quémin qui nous est dû .
54	87	Id.	»	BRAME (Emmanuel), de Paris, et PROFITS et PERTES à EFFETS.	N. des 2 effets de Duchatel à Brame; Celui de Conin au 19 décembre prochain. Et celui de Delambre au 24 juillet 1861. Sur déd., d'où il reste pour la valeur actuelle.
55		Id.	16	PROFITS et PERTES à CAISSE,	Disparition d'un billet de banque .
55	88	Id.	»	MARCHANDISES à CHAMPFLEURY (Alphonse), de Fontainebleau, et CHAMPFLEURY à CAISSE.	Exp. p. vente à com., s. frais d'arriv., de 10 ton. de vin de Champagne.
					A reporter.

JANVIER 1861.

MARCHANDISE ET PROPRIÉTÉS.		CAISSE.		EFFETS.		PROFITS ET PERTES.		DIVERS. COMPTE DES PARTICULIERS.	
Débit.	Crédit.	Débit.	Crédit.	Débit.	Crédit.	Débit.	Crédit.	Débit.	Crédit.
144 240 25	6 700 »	73 000 »	59 660 25	22 500 »	13 000 »	783 »	151 23	76 917 «	37 948 77
» »	» »	6 100 »	» »	» »	» »	» »	» »	» »	» »
» »	» »	» »	» »	» »	» »	» »	» »	» »	2 000 »
» »	» »	» »	» »	» »	» »	» »	» »	» »	4 100 »
» »	» »	1 927 »	» »	» »	» »	» »	» »	» »	1 927 »
» »	» »	» »	» »	600 »	» »	» »	» »	» »	1 043 37
» »	» »	» »	» »	500 »	» »	» »	» »	» »	» »
» »	» »	» »	» »	» »	» »	» »	56 63	» »	» »
» »	» »	5 000 »	1 400 »	» »	» »	» »	» »	» »	3 600 »
» »	» »	9 748 56	» »	» »	10 000 »	251 44	» »	» »	» »
» »	» »	» »	35 »	» »	» »	35 »	» »	» »	» »
3 000 »	» »	» »	3 000 »	» »	» »	» »	» »	» »	» »
» »	» »	» »	» »	2 000 »	» »	» »	67 33	» »	1 932 67
» »	» »	» »	» »	» »	» »	» »	» »	» »	» »
» »	» »	» »	1 048 31	» »	2 000 »	48 31	» »	» »	» »
» »	3 200 »	» »	» »	» »	» »	» »	» »	» »	» »
» »	» »	500 »	» »	» »	» »	» »	» »	800 »	» »
» »	» »	2 500 »	» »	» »	» »	» »	» »	1 900 »	» »
» »	» »	» »	» »	» »	» »	» »	» »	2 500 »	» »
» »	» »	» »	1 200 »	» »	» »	» »	» »	2 500 »	1 300 »
» »	» »	5 000 »	» »	» »	5 000 »	» »	» »	» »	» »
» »	» »	» »	» »	» »	600 »	» »	» »	» »	» »
» »	» »	» »	» »	» »	500 »	» »	» »	» »	» »
» »	» »	» »	» »	» »	» »	49 04	» »	1 050 96	» »
» »	» »	» »	1 000 »	» »	» »	1 000 »	» »	» »	» »
Mre »	» »	» »	50 »	» »	» »	» »	» »	50 »	Mre »
147 240 25	9 900 »	103 775 56	67 593 56	25 600 »	31 100 »	2 166 79	255 19	86 217 96	56 551 81

JOURNAL.

FOLIOS du Brouillard.	du Grand-Livre.	DATES.		NOMS DES COMPTES GÉNÉRAUX ET DES PARTICULIERS.	DÉSIGNATION DES ARTICLES.
					Reports . . . . .
55	89	Janvier.	16	MARTINET ARMAND de (Melun), à MARCHANDISES.	Vente de notre maison de Lunel, ... Partie payable. . . . *le 25 janvier courant* Et l'autre. . . . . *le 18 février prochain.*
55	90	Id.	»	POINTIN (Albéric), de Clermont, à MARCHANDISES.	V. de 8 p. d'Armagnac . . *au 15 juil. proch.*
55	90	Id.	17	DESAINTFUSSIEN (L.), de Vannes, à MARCHANDISES.	N. exp. p. v. à com. de 5 ton. de vin de Champ.
56	89	Id.	18	EFFETS, à MARTINET (Armand), de Melun .	Sa re. de 2 effets à n. ord. en acq. de sa cré. due à la maison. L'un au 25 janvier courant. . . . . . L'autre au 18 février prochain. . . . . .
56	90	Id.	»	MARCHANDISES, à LEDUC (Germain), de Paris .	Ach. d'un jard. d'agrément à Issy . à 3 mois.
56	90—90	Id.	»	LEDUC (Germain), de Paris, à DESAINTFUSSIEN (Louis), de Vannes	Acquit de la cré. due au 1er par le moyen d'une d'une traite que n. autor. s. le 2e. à 3 mois.
56		Id.	»	MARCHANDISES à EFFETS.	Ach. de 100 ton. d'huile de Colza par Fussien c. sa traite au 16 mai prochain . . . . .
56	90	Id.	»	EFFETS à PROFITS et PERTES, et à POINTIN (Albéric), de Clermont	Remise de la traite de Gosselin à son ordre, au 15 mai prochain, sur déduction . . . . .
57	87	Id.	»	CAISSE, à BRAME (Emmanuel), de Paris . .	Remise Espèces à la maison. . . . . . .
57	91	Id.	»	MARCHANDISES, à LEFORT (Const¹ⁿ), de Breteuil.	Achat de 6 p. de vin de Cahors . . à 3 mois.
57		Id.	18	EFFETS à CAISSE.	Acquit de la cr. Guilemard. due p. n. . . .
57		Id.	»	CAISSE à MARCHANDISES.	V. de 25 ton. de vin du Rhin au comptant .
57	88 88 87—88 87	Id.	19	CHAMPFLEURY (A.), de Fontainebleau, à MARC¹ⁿ., PROFITS et PERTES à CHAMPFLEURY, FRÉMONT (C.), de Neuilly, à CHAMPFLEURY, et CAISSE à FRÉMONT . . .	Exp. de Champfleury du 16 c. à com. . . , Sur frais de l'expédition. . . . . . Par s. de la vente de 10 tonnes de vin . . . Contre Espèces reçues à compte . . . .
58	88 87	Id.	»	CHAMPFLEURY (Alphonse), de Fontainebleau à FRÉMONT (Constant), de Neuilly, à CAISSE et à PROFITS et PERTES	Solde de l'exp. de Champfleury de 10 p. de vin du 2 c. vend. à Frémont, en n. mandat à vue s. ce dern., avec déd., et Esp. comp. .
58	91	Id.	20	LEFORT (Constantin), de Breteuil, à EFFETS.	Ac. de sa t. s. nous o. Bachimont au 20 avr. p.
58	86 91—86	Id.	»	BONTEMPS (Firmin), de Rennes, à CAISSE et FOURNIER (Louis), de Lyon, à BONTEMPS.	Rem. faite à Bontemps de 3 b. de Banque . . Et tr. p. n. sur lui o. Fournier. . . *au 24 c.*
58	91 91	Id.	»	MARCHANDISES à FOURNIER (Louis), de Lyon, et FOURNIER à FRÉMONT (C.), de Neuilly .	Ach. d'une c. de suc. et d'une b. de c. . . . C. n. m. à pr. s. Frémont o. Fournier . .
					A reporter. . . . . .

Janvier 1861.

MARCHANDISE ET PROPRIÉTÉS		CAISSE.		EFFETS.		PROFITS ET PERTES.		DIVERS. COMPTE DES PARTICULIERS.	
Débit.	Crédit.	Débit.	Crédit.	Débit.	Crédit.	Débit.	Crédit.	Débit.	Crédit.
147 240 25	9 900 »	103 775 56	67 393 56	25 600 »	31 100 »	2 166 79	255 19	86 217 96	56 351 81
» »	6 000 »	» »	» »	» »	» »	» »	» »	» »	» »
» »	» »	» »	» »	» »	» »	» »	» »	4 000 »	» »
» »	» »	» »	» »	» »	» »	» »	» »	2 000 »	» »
» »	3 120 »	» »	» »	» »	» »	» »	» »	3 120 »	» »
» »	Mre	» »	» »	» »	» »	» »	» »	Mre »	» »
» »	» »	» »	» »	» »	» »	» »	» »	» »	6 000 »
» »	» »	» »	» »	4 000 »	» »	» »	» »	» »	» »
» »	» »	» »	» »	2 000 »	» »	» »	» »	» »	» »
3 250 »	» »	» »	» »	» »	» »	» »	» »	» »	3 250 »
» »	» »	» »	» »	» »	» »	» »	» »	3 250 »	3 250 »
9 577 68	» »	» »	» »	» »	9 777 68	» »	» »	» »	» »
» »	» »	» »	» »	3 000 »	» »	» »	117 70	» »	2 882 30
» »	» »	1 000 »	» »	» »	» »	» »	» »	» »	1 000 »
3 600 »	» »	» »	» »	» »	» »	» »	» »	» »	3 600 »
» »	» »	» »	2 000 »	2 000 »	» »	» »	» »	» »	» »
» »	5 250 »	2 250 »	» »	» »	» »	» »	» »	» »	» »
» »	Mre »	» »	» »	» »	» »	» »	» »	Mre »	» »
» »	» »	» »	» »	» »	» »	50 »	» »	» »	50 »
» »	» »	» »	» »	» »	» »	» »	» »	2 500 »	2 500 »
» »	» »	375 »	» »	» »	» »	» »	» »	» »	375 »
» »	» »	» »	200 »	» »	» »	» »	175 »	2 500 »	2 125 »
» »	» »	» »	» »	» »	1 800 »	» »	» »	1 800 »	» »
» »	» »	1 500 »	» »	» »	» »	» »	» »	1 500 »	» »
» »	» »	» »	» »	» »	» »	» »	» »	400 »	400 »
480 »	» »	» »	» »	» »	» »	» »	» »	» »	480 »
» »	» »	» »	» »	» »	» »	» »	» »	300 »	300 »
164 147 93	24 270 »	110 400 56	71 093 56	36 600 »	42 477 68	2 216 79	547 89	107 587 96	82 564 11

JOURNAL.

FOLIOS		DATES.		NOMS DES COMPTES GÉNÉRAUX ET DES PARTICULIERS.	DÉSIGNATION DES ARTICLES.
du Journal.	du Grand-Livre.				
					Reports . . . .
59	20	Janvier.	»	PROFITS et PERTES à CAISSE. , ...	E. à Poussaint (T.), à. voy. à Troyes p. n. c. et p.
59		Id.	»	PROFITS et PERTES à CAISSE.	Menues dépenses de la maison . . . . .
59	87	Id.	»	BRAME (Emmanuel), de Paris, PROFITS et PERTES à EFFETS	R. à Brame du B. Marcellin o. Colomb au 27 avr. sur déduction. . . . .
59	87–84 87	. Id.	22	FRÉMONT (C.), de Neuilly, à FOURNIER de Lyon, FOURNIER à BRAME (Em^el), de Paris, et CAISSE à FRÉMONT	R. de n. m. s. Frémont o. Fournier du 20 c. Avec notre remise sur Brame à vue o. Fournier . Contre Espèces reçues de Frémont. . . . .
60	90	Id.	»	MARCHANDISES et PROFITS et PERTES à DESAINT-FUSSIEN (Louis), de Vannes.	Laisser p. c. d'une p. de vin de l'exp. du 17 c.
60		Id.	23	CAISSE à MARCHANDISES.	V. de 3 ac. du ch. de fer de Stras. au comptant .
60		Id.	»	CAISSE à PROFITS et PERTES.	Bénéfices sur opérations au dehors. . . .
60		Id.	»	MARCHANDISES à PROFITS et PERTES . . .	N. récolte de 10 pièces de vin ordinaire . .
60		Id.	24	PROFITS et PERTES à CAISSE.	A-compte sur impositions de l'année . . . .
60		Id.	25	EFFETS à CAISSE . . . . , . .	Acq. de la tr. s. n. de Lafontaine du 19 nov. der.
61		Id.	»	PROFITS et PERTES à MARCHANDISES . . .	V. à Albarès dis. d'une p. de vin de Ch. à 2 j.
61		Id.	»	CAISSE à EFFETS	R. du b. Martinet à nous acquis du 18 c.
61		Id.	26	EFFETS à MARCHANDISES	V. à Quémin (V.), de 12 b. h. d'olive c. n t, sur lui payable le 25 avril prochain . . .
61		Id.	»	EFFETS à MARCHANDISES.	V. à Favart d'une p. d'Armagnac c. s. m. s. la P.
61	87	Id.	27	CAISSE et BRAME (Emmanuel), de Paris, à MARCHANDISES	V. à Fournier de 20 ton. h. de Colza acq. par s. t. pour nous chez Brame et en Espèces .
62	90 90 90	Id.	»	MARCHANDISES à DESAINTFUSSIEN (L), de Vannes, DESAINTFUSSIEN à MARCHANDISES, et MARCHANDISES, CAISSE, PROFITS et PERTES à DESAINTFUSSIEN.	P. rest. de l'exp. à Desaintfussien du 17 c. à c. De la vente de 4 tonneaux de vin . . . . . S. déd. f. de la com. av. un coup. de r. 3 p. °/₀ Billet et Espèces . . . .
62		Id.	28	CAISSE à PROFITS et PERTES.	Acq. de la cré. Albarès, — qu'on c. perdue
62	91	Id.	»	CAISSE et PROFITS et PERTES à FOURNIER (Louis), de Lyon	Pour solde par suite de faillite . . . . .
62		Id.	»	PROFITS et PERTES à MARCHANDISES . . .	V. à Ganimède insolv. d'une p. de vin de Beaune.
					A reporter. . . . . .

JANVIER 1861.

| MARCHANDISE ET PROPRIÉTÉS. | | CAISSE. | | EFFETS. | | PROFITS ET PERTES. | | DIVERS. COMPTE DES PARTICULIERS. | |
Débit.	Crédit.	Débit.	Crédit.	Débit.	Crédit.	Débit.	Crédit.	Débit.	Crédit.
164 147 93	24 270 »	110 400 56	71 093 56	36 600 »	42 477 68	2 216 79	547 89	107 587 96	82 564 11
» »	» »	» »	1 003 »	» »	» »	1 003 »	» »	» »	» »
» »	» »	» »	300 »	» »	» »	300 »	» »	» »	» »
» »	» »	» »	» »	» »	6 000 »	110 67	» »	5 889 33	» »
» »	» »	» »	» »	» »	» »	» »	» »	310 »	310 »
» »	» »	» »	» »	» »	» »	» »	» »	310 »	310 »
» »	» »	310 »	» »	» »	» »	» »	» »	» »	310 »
Mre »	» »	» »	» »	» »	» »	65 »	» »	» »	Mre 65
» »	3 000 »	3 000 »	» »	» »	» »	» »	» »	» »	» »
» »	» »	400 »	» »	» »	» »	» »	400 »	» »	» »
800 »	» »	» »	» »	» »	» »	» »	800 »	» »	» »
» »	» »	» »	200 »	» »	» »	200 »	» »	» »	» »
» »	» »	» »	3 000 »	3 000 »	» »	» »	» »	» »	» »
» »	500 »	» »	» »	» »	» »	500 »	» »	» »	» »
» »	» »	4 000 »	» »	» »	4 000 »	» »	» »	» »	» »
» »	4 620 »	» »	» »	4 620 »	» »	» »	» »	» »	» »
» »	» »	» »	» »	400 »	» »	» »	» »	» »	» »
» »	7 800 »	3 800 »	» »	» »	» »	» »	» »	4 000 »	» »
Mre »	» »	» »	» »	» »	» »	» »	» »	» »	Mre »
» »	2 500 »	» »	» »	» »	» »	» »	» »	2 250 »	» »
1 500 »	» »	615 »	» »	» »	» »	135 »	» »	» »	2 250 »
» »	» »	500 »	» »	» »	» »	» »	500 »	» »	» »
» »	» »	100 »	» »	» »	» »	120 »	» »	» »	220 »
» »	200 »	» »	» »	» »	» »	200 »	» »	» »	» »
166 447 93	43 040 »	123 125 56	75 596 56	44 620 »	52 477 68	4 850 46	2 247 89	120 347 29	86 029 11

JOURNAL.

FOLIOS		DATES.		NOMS DES COMPTES GÉNÉRAUX ET DES PARTICULIERS.	DÉSIGNATION DES ARTICLES.
du Brouillard.	du Grand-Livre.				
					Reports . . . .
63		Janvier.	29	Marchandises à Caisse et à Profits et Pertes .	A. à Bourgeois de 3 f. de cog. s. déd. au c. en Esp.
63	91	Id.	»	Le Nantais, capitaine Berton, à Bordeaux, à Marchandises	E. aux Antilles de 10 p. de vin, ad. à Morizel arm.
63		Id.	»	Caisse à Profits et Pertes.	Location de notre jardin d'Issy, de Gratien. . .
63		Id.	»	Profits et Pertes à Marchandises . . .	Cad. à Josse d'une p. de vin du Rhin. . . .
63		Id.	30	Caisse à Marchandises.	V. de notre cheval de camion, au comptant . .
64	89	Id.	»	Sévin Charles de Mende, à Caisse. . . .	Espèces pour son compte à Mertz . . . . .
64		Id.	»	Profits et Pertes à Caisse.	1er Trimestre de la pension des enfants . .
64		Id.	»	Effets à Caisse.	Acquit de la traite Renaud . . . . . .
64		Id.	31	Profits et Pertes à Caisse.	De diverses dépenses du mois . . . . , .
64		Id.	»	Marchandises à Marchandises.	Ech. d'une pièce de cognac avec 6 p. de toile
64	88	Id.	»	Marchandises à Welmar (Florentin), de Strasbourg	Remise de 2 barils de Madère en acq. de sa cré. due à la maison. . . . .
65	85 87 88 89 90 91	Id.	»	Duchatel, (Pierre), de Colmar. . . . Brame (Emmanuel), de Paris. . . . . . Fortin (Paul), d'Avignon . . . . . Sévin (Charles), de Mende. . . . . . Desaintfussien (Louis), de Vannes . . . . Lefort (Constantin), de Breteuil. . . . A Profits et Pertes . . . . Et Profits et Pertes	Intérêts par compte d° d° d° d° d° En somme. En somme.
	86 87 88 90			A Bontemps (Firmin), de Rennes. . . . A Frémont (Constant), de Neuilly. . . . A Champfleury (Alphonse), de Fontainebleau. Pointin (Albéric), de Clermont. . . .	Intérêts par compte d° d° d°
	65	Id.	»	Marchandises à Profits et Pertes . . .	Excédant obtenu par Inventaire des marchandises.
				Contrôle des Comptes Généraux au moyen du Capital constant.	Balance, cap. primitif de fr. 200000 » » . .
66				Contrôle des Données Palpables du Journal avec le Brouillard	Balance du Brouillard de fr. 180492 32 . .
66	85—91	**1861** Février.	1er	Divers à Capital et Capital à Divers. . . .	D'après Inventaire. *(Voir le passage des Comptes à l'Inventaire.)* . . . .

JANVIER 1861.

MARCHANDISE ET PROPRIÉTÉS.		CAISSE.		EFFETS.		PROFITS ET PERTES.		DIVERS. COMPTE DES PARTICULIERS.	
Débit.	**Crédit.**	**Débit.**	**Crédit.**	**Débit.**	**Crédit.**	**Débit.**	**Crédit.**	**Débit.**	**Crédit.**
166 447 93	43 040 »	123 125 56	75 596 56	44 620 »	52 477 68	4 850 46	2 247 89	120 347 29	86 029 11
600 »	» »	» »	457 »	» »	» »	» »	145 »	» »	» »
» »	Mᵉ »	» »	» »	» »	» »	» »	» »	Mᵉ »	» »
» »	» »	25 »	» »	» »	» »	» »	25 »	» »	» »
» »	425 »	» »	» »	» »	» »	425 »	» »	» »	» »
» »	1 000 »	1 000 »	» »	» »	» »	» »	» »	» »	» »
» »	» »	» »	100 »	» »	» »	» »	» »	100 »	» »
» »	» »	» »	400 »	» »	» »	400 »	» »	» »	» »
» »	» »	» »	8 000 »	8 000 »	» »	» »	» »	» »	» »
» »	» »	» »	627 »	» »	» »	627 »	» »	» »	» »
Mᵉ »	Mᵉ »	» »	» »	» »	» »	» »	» »	» »	» »
240 »	» »	» »	» »	» »	» »	» »	» »	» »	240 »
» »	» »	» »	» »	» »	» »	» »	» »	74 40	» »
» »	» »	» »	» »	» »	» »	» »	» »	189 10	» »
» »	» »	» »	» »	» »	» »	» »	» »	14 »	» »
» »	» »	» »	» »	» »	» »	» »	» »	73 52	» »
» »	» »	» »	» »	» »	» »	» »	» »	41 61	» »
» »	» »	» »	» »	» »	» »	» »	» »	22 50	» »
» »	» »	» »	» »	» »	» »	» »	415 13	» »	» »
» »	» »	» »	» »	» »	» »	132 90	» »	» »	25 61
» »	» »	» »	» »	» »	» »	» »	» »	» »	14 30
» »	» »	» »	» »	» »	» »	» »	» »	» »	0 94
» »	» »	» »	» »	» »	» »	» »	» »	» »	92 05
18 557 07	» »	» »	» »	» »	» »	» »	18 557 07	» »	» »
185 845 00	44 465 »	124 150 56	85 180 56	52 620 »	52 477 68	6 435 36	21 388 09	120 862 42	86 402 01
» »	141 380 »	» »	38 970 »	» »	142 32	14 952 73	» »	» »	34 460 41
185 845 »	185 845 »	124 150 56	124 150 56	52 620 »	52 620 »	21 388 09	21 388 09	120 862 42	120 862 42
» »	141 380 »	» »	38 970 »	» »	142 32	» »	» »	» »	» »
141 380 »	» »	38 970 »	» »	11 520 »	11 377 68	» »	» »	52 107 69	17 647 28

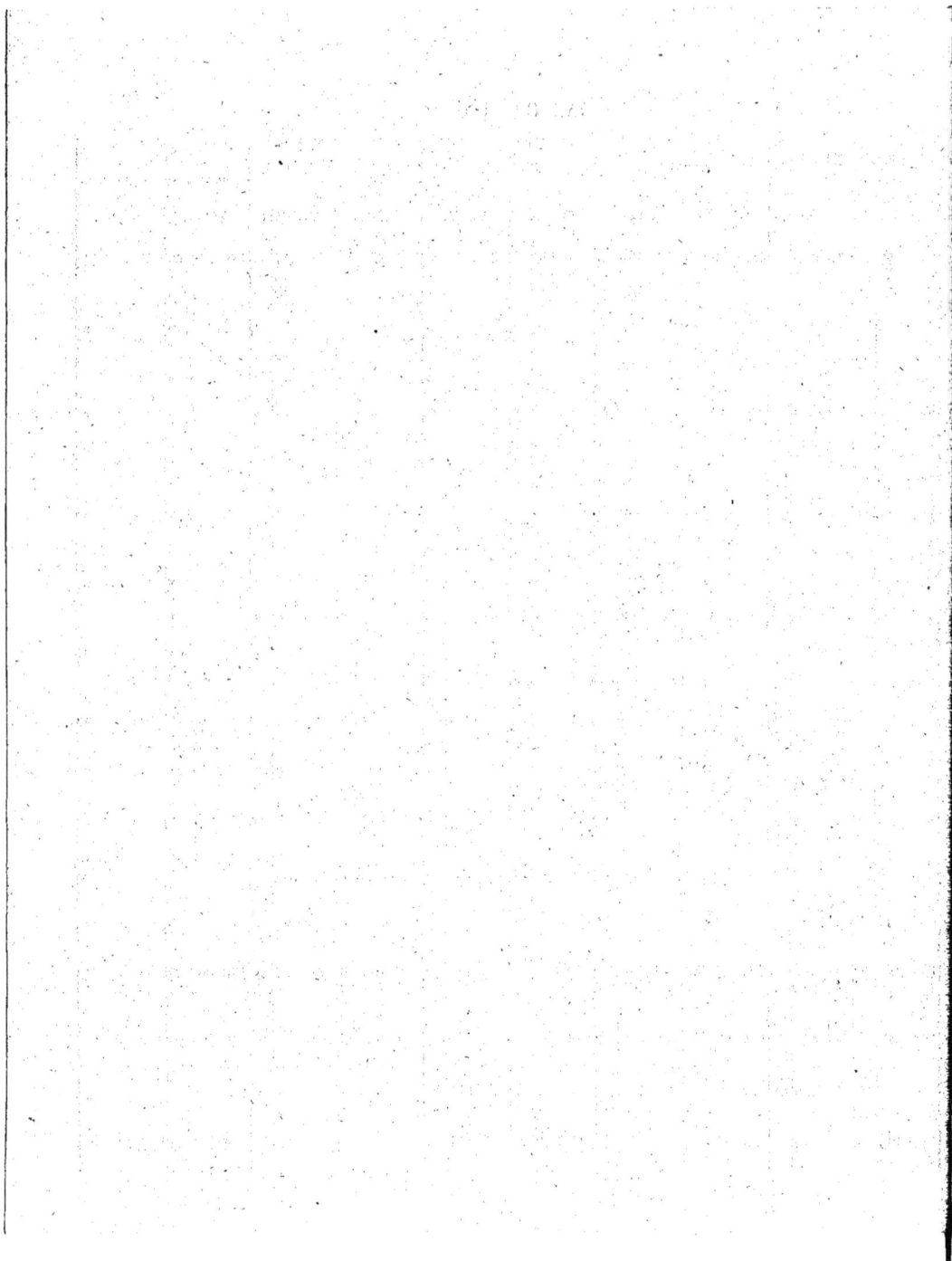

VII.

MODÈLE DU GRAND-LIVRE.

SOMMAIRE.

INTRODUCTION.

—

I. LE GRAND-LIVRE DANS SON OBJET.

Le Grand-Livre est le recueil des Comptes de tous les Particuliers du dehors avec la Maison. C'est le Compte Divers du Journal dépouillé article par article en ce qui concerne les intéressés, dont les données se placent distinctement aux Comptes qui leur sont propres.

Cela posé, l'ensemble des Comptes du Grand-Livre dans leurs résultats est l'expression même de la Balance opérée au Compte du Crédit du Journal : tel est le Contrôle des Comptes du Grand-Livre.

II. ECRITURES DES COMPTES DU GRAND-LIVRE.

De l'article du Journal suivant :

	D. March. C.	D. Divers. C.
Demetz Casimir de la Rochelle à MARCHANDISES, 4 pièces de vin de Bourgogne, de fr.	» | 1200	1200 | »

S'obtient au Grand-Livre :

Doit Demetz Casimir de la Rochelle,
4 Pièces de vin de Bourgogne, de fr. 1200.

Le folio du Journal se porte au Grand-Livre en même temps que l'opération.

A l'Arrêté des Comptes s'effectue le Contrôle de tous les Comptes du Grand-Livre avec le Compte Divers du Journal, qui se balancent entre eux.

APPLICATIONS.

11

BEAUCOMTÉ ET Cie,

DE PARIS.

GRAND-LIVRE.

1861,

DU 1er JANVIER, AU 1er FÉVRIER.

GRAND-LIVRE.

N° du Journal	DATES.		OPÉRATIONS.	Importance.	N° du Journal	DATES.		OPÉRATIONS.	Importance.

DOIT DUCHATEL (Pierre), de Colmar. *AVOIR.*

N° du Journal	DATES.		OPÉRATIONS.	Importance.	N° du Journal	DATES.		OPÉRATIONS.	Importance.
	1861					1861			
71	Janvier.	1	D'après Inventaire	6 000 »	71	Janvier.	4	A-compte.	4 000 »
79	Id.	31	Int. par C°.	74 40	71	Id.	»	Achat de 80 p. de vin à 4 *mois.*	4 800 »
	Id.	»	Balance	5 768 97	73	Id.	7	Reliquat de sa créance. . . .	2 000 »
				» »	73	Id.	8	Sa remise des 2 Effets Conin et Delambre	1 043 37
				11 843 37					11 843 37
						1861			
					79	Janvier.	31	A nouveau, fr.	5 768 97

CARTON (Alphonse), de Neufchâtel.

N° du Journal	DATES.		OPÉRATIONS.	Importance.	N° du Journal	DATES.		OPÉRATIONS.	Importance.
	1861					1861			
71	Janvier.	1	D'après Inventaire	5 400 »	73	Janvier.	7	A-compte sur sa créance due à la maison	4 100 »
				» »	73	Id.	14	Solde pour compte de Bernaut en Espèces	1 300 »
				» »					
				5 400 »					5 400 »

DUPUIS (Joseph), de Laon.

N° du Journal	DATES.		OPÉRATIONS.	Importance.	N° du Journal	DATES.		OPÉRATIONS.	Importance.
	1861					1861			
71	Janvier.	1	D'après Inventaire . . .	3 600 »	73	Janvier.	9	Acquit de sa créance due à la maison.	3 600 »
				» »					

GRAND-LIVRE.

№ du Journal	DATES.		OPÉRATIONS.	Importance.	№ du Journal	DATES.		OPÉRATIONS.	Importance.
	DOIT		**CARDON (Jacques), de Nantes.**					**AVOIR.**	
	1861					1861			
73	Janvier.	12	Acq. avec B. Crampon et Esp.	3 000 »	71	Janvier.	1	D'après Inventaire	3 000 »
			BONTEMPS (Firmin), de Rennes.						
	1861					1861			
71	Janvier.	3	Esp. pour acq. de sa Créance.	1 500 »	71	Janvier.	1	D'après Inventaire	1 500 »
71	Id.	12	V. de 2 p. d'Arm. au 15 av. p	800 »	73	Id.	11	Remise du B. Crampon s. déd.	1 932 67
			Et de 10 c. de sav., au 7 m. p.	1 900 »	75	Id.	20	N. T. s. lui o. Fournier au 24 c.	400 »
75	Id.	20	R. de 3 B. de banque de . .	1 500 »	79	Id.	31	Intérêts par compte. . . .	25 61
								Balance	1 841 72
				5 700 »					5 700 »
	1861								
79	Janvier.	31	A nouveau fr.	1 841 72					
			FAVART (Émile), de Poix.						
	1861					1861			
71	Janvier.	6	Esp. p. acq. de sa Cré. s. n.	2 000 »	71	Janvier.	1	D'après Inventaire	2 000 »

GRAND-LIVRE.

Fo du Journal	DATES.		OPÉRATIONS.	Importance.	Fo du Journal	DATES.		OPÉRATIONS.	Importance.

DOIT — RICBOURG (STANISLAS), de Vron. — AVOIR.

Fo	DATES		OPÉRATIONS	Importance		Fo	DATES		OPÉRATIONS	Importance	
	1861						1861				
71	Janvier.	6	Acquit de sa Créance sur nous.	500	»	71	Janvier.	1	D'après Inventaire . . .	500	»

BRAME (EMMANUEL), de Paris.

Fo	DATES		OPÉRATIONS	Importance		Fo	DATES		OPÉRATIONS	Importance	
	1861						1861				
71	Janvier.	2	Versements de fonds . .	50 000	»	71	Janvier.	4	Remise d'Espèces	9 000	»
71	Id.	15	Remise des Effets o. Duchatel			71	Id.	»	Bon p. octroi à 11 p. de vin	240	»
			de Conin et Delambre s. déd.	1 050	96	71	Id.	6	Bon au profit de Colomb . .	5 908	77
73	Id.	20	Remise du B. Marcellin ordre			75	Id.	18	Espèces remises.	1 000	»
			Colomb s. déduction. . .	5 889	33	77	Id.	22	Bon o. Fournier à vue . .	310	»
73	Id.	27	Rem. de Fournier p. n. comp.	4 000	»	79	Id.	31	Balance	44 670	62
73	Id.	31	Intérêts par compte	189	10				»	»	»
				61 129	39					61 129	39
	1861										
79	Janvier.	31	A nouveau, fr.	44 670	62						

FRÉMONT (CONSTANT), de Neuilly.

Fo	DATES		OPÉRATIONS	Importance		Fo	DATES		OPÉRATIONS	Importance	
	1861						1861				
71	Janvier.	2	V. 3 p. de vin et 2 f. de Cognac.			75	Janvier.	19	Espèces remises sur la vente de		
			à 2 mois.	2 750	»				Champfleury	375	»
75	Id.	19	Achat de 10 tonn. de vin de			75	Id.	»	Tr. à vue o. Champfleury de .	2 125	»
			Champfleury	2 500	»	75	Id.	20	M. à pres. o. Fournier de .	300	»
77	Id.	22	Ret. de l'ef. o. Fournier s. fr.	310	»	77	Id.	22	Esp. rem. par lui p. E. en r.	310	»
				»	»	79	Id.	31	Intérêts par compte. . . .	14	30
				»	»	79	Id.	»	Balance fr.	2 435	70
				5 560	»					5 560	»
	1861										
79	Janvier.	31	A nouveau, fr.	2 435	70						

GRAND-LIVRE.

Fos du Journal	DATES.		OPÉRATIONS.	Importance.		Fos du Journal	DATES.		OPÉRATIONS.	Importance.	

DOIT   CHAMFLEURY (Alphonse), de Fontainebleau.   *AVOIR.*

Fos	DATES		OPÉRATIONS	Imp.		Fos	DATES		OPÉRATIONS	Imp.	
71	1861 Janvier.	3	V. de 4 p. d'Armagnac et de 1 fut de vin, à 8 jours.	1 927	»	71	1861 Janvier.	8	Solde de sa Cré. du 3 c. s. esc.	1 927	»
73	Id	16	Fr. s. exp. des 10 ton. de vin.	50	»	73	Id.	16	S. exp. de 10 ton. de vin à com.	Mre	»
75	Id.	19	S. exp. du 16 c. p. vente . .	Mre	»	75	Id.	19	S. exp. de 10 ton. s. fr. qui rev. à mse. p. suite de la vente.	50	»
		»	Traite sur Frémont de 2 125						Vente des 10 ton. de son exp.	2 500	»
			Frais d'arriv. et com. 175			79	Id.	31	Intérêts par compte. . .	0	94
			Court. et espèces . . 200	2 500	»					»	»
	Id.	31	Balance	»	94					»	»
				4 477	94					4 477	94
						79	1861 Janvier.	31	A nouveau fr.	»	94

WELMAR (Florentin) de Strasbourg.

Fos	DATES		OPÉRATIONS	Imp.		Fos	DATES		OPÉRATIONS	Imp.	
71	1861 Janvier.	3	Vente d'une caisse de savon à 28 *jours*	240	»	79	1861 Janvier.	30	R. de 2 barils de Madère c. sa Créance due	240	»

FORTIN (Paul) d'Avignon.

Fos	DATES		OPÉRATIONS	Imp.		Fos	DATES		OPÉRATIONS	Imp.	
71	1861 Janvier.	3	Prêt espèces	3 000	»	79	1861 Janvier.	31	Balance	3 014	»
79	Id.	31	Intérêts par compte. . .	14	»					»	»
				3 014	»					3 014	»
79	1861 Janvier.	31	A nouveau, fr.	3 014	»						

GRAND-LIVRE.

Fo du Journal	DATES.		OPÉRATIONS.	Importance.	Fo du Journal	DATES.		OPÉRATIONS.	Importance.

DOIT   **SÉVIN (Charles), de Mende.**   **AVOIR.**

Fo	DATES		OPÉRATIONS	Importance	Fo	DATES		OPÉRATIONS	Importance
	1861					1861			
79	Janvier.	30	Espèce p. son compte à Metz.	100 »	71	Janvier.	4	Ach. de 6 Bar. et 10 p. de vin à 3 mois.	7 000 »
79	Id.	31	Intérêts par compte. . . .	73 52					» »
	Id.	»	Balance, fr.	6 826 48					» »
				7 000 »					7 000 »
						1861			
					79	Janvier.	31	A nouveau fr.	6 826 48

BERNAUT (Jérome), d'Aubusson.

Fo	DATES		OPÉRATIONS	Importance	Fo	DATES		OPÉRATIONS	Importance
	1861					1861			
73	Janvier.	14	Créance reçue de Carton . .	1 300 »	73	Janvier.		Emp. par la maison. . . .	2 500 »
			Et Espèces à lui	1 200 »					» »
				2 500 39					2 500 »

MARTINET (Armand) de Melun.

Fo	DATES		OPÉRATIONS	Importance	Fo	DATES		OPÉRATIONS	Importance
	1861					1861			
75	Janvier.	16	V. de notre maison de Lunel.		75	Janvier.	18	Sa rem. effet à notre ordre	
			au 25 c. de 4 000 »					au 25 c. de 4 000 »	
			et au 18 Fév. de 2 000 »	6 000 »				et au 18 Fév. de 2 000 »	6 000 »

GRAND-LIVRE.

№ du Journal	DATES.		OPÉRATIONS.	Importance.		№ du Journal	DATES.		OPÉRATIONS.	Importance.

DOIT   **POINTIN (ALBÉRIC), de Clermont.**   *AVOIR.*

№	DATES		OPÉRATIONS	Importance		№	DATES		OPÉRATIONS	Importance
75	1861 Janvier.	16	Vente de 8 pièces d'Armagnac au 15 juil. proch.	3 120	»	75	1861 Janvier.	18	R. de sa tr. s. Gosselin av. déd.	2 882 30
				»	»	79	Id.	31	Intérêt par compte	92 05
				»	»		Id.	»	Balance fr.	145 65
				3 120	»					3 120 »
	1861 Janvier.	31	A nouveau, fr.	145 65						

DESAINTFUSSIEN (LOUIS), de Vannes.

№	DATES		OPÉRATIONS	Importance		№	DATES		OPÉRATIONS	Importance
75	1861 Janvier.	17	N. exp. de 5 ton. de vin à com.	Mre	»	75	1861 Janvier.	18	Traite de Leduc.	3 250 »
77	Id.	27	V. des 4 ton. remises de l'exp. du 17 courant. . . .	2 250	»	77	Id.	22	Lais. p. c. 1 ton. de l'exp. s. fr.	Mre 65 »
79	Id.	31	Intérêt par compte . . .	44 61		77	Id.	27	P. rest. de l'exp. du 17 c. .	Mre »
	Id.	»	Balance	3 273 39				»	Solde avec coupon de rente Belge. . . . . 1 500 Déd. de com de . . 135 Et espèces de fr. . . 615	2 250 »
				»	»					
				»	»					
				5 565	»		1861			5 565 »
						79	Janvier.	31	A nouveau fr.	3 273 39

LEDUC (GERMAIN), de Paris.

№	DATES		OPÉRATIONS	Importance		№	DATES		OPÉRATIONS	Importance
75	1861 Janvier.	18	Tr. s. Desaintfussien à 3 mois.	2 000	»	75	1861 Janvier.	18	Achat d'un jardin d'agrément à 3 mois.	3 250 »
				»						

GRAND-LIVRE.

F⁰ du Journal	DATES.		OPÉRATIONS.	Importance.		F⁰ du Journal	DATES.		OPÉRATIONS.	Importance.	

DOIT — **LEFORT (Constantin), de Breteuil.** — **AVOIR.**

	1861						1861				
75	Janvier.	20	Accept. de son mandat ordre Bachimont *au 20 av. p.*	1 800	»	75	Janvier.	18	Achat de 6 p. de vin de C. *à 3 mois.*	3 600	»
79	Id.	31	Intérêts par compte. . . .	22	50					»	»
	Id.	»	Balance, fr.	1 777	50					»	»
				3 600	»					3 600	»
							1861		À nouveau, fr.	1 777	50
						79	Janvier.	31			

FOURNIER (Louis), de Lyon.

	1861						1861				
75	Janvier.	20	Traite sur Bontemps *au 24 c.*	400	»	75	Janvier.	20	Achat d'un C. de s. et d'une B. café fr. . . . , . .	480	»
75	Id.	»	N. M. s. Frémont à présent. .	300	»	77	Id.	22	R. de l'Ef. Frémont avec frais.	310	»
77	Id.	22	N. R. s: Brame c. R. de l'ef fr..	310	»	77	Id.	28	Acquit p. suite de faillite fr. .	220	»
				1 010	»					1 010	»

Le NANTAIS, navire de 300 tonneaux, capitaine Benton (Marc.)

	1861										
79	Janvier.	29	Exp. aux Antilles de 10 p. de à Morizel (Joseph) . . .	M⁣ʳˢ	»						

GRAND-LIVRE.

DOIVENT	Les COMPTES du GRAND-LIVRE portant Reliquat.			AVOIR.		
			Importance.			Importance.
Bontemps	f° 86	1 844	72	Duchatel.	f° 85	5 768	97
Brame.	f° 87	44 670	62	Champfleury	f° 88	0	94
Frémont.	f° 87	2 435	70	Sévin.	f° 89	6 826	48
Fortin	f° 88	3 014	»	Lefort	f° 91	1 777	50
Pointin	f. 90	145	65	Desaintfussien	f° 90	3 273	39
		»	»	CONTROLE, BALANCE avec le compte DIVERS du JOURNAL.		34 460	41
		52 107	69			52 117	69

VIII.

LIVRES AUXILIAIRES.

SOMMAIRE.

DIVISION.

1. On distingue de Livres auxiliaires :
    I. Les Livres du Mouvement,
    II. Les Livres de la Régularisation des Situations,
    III. Et les Livres Accessoires.

I. — LES LIVRES DU MOUVEMENT.

2. Les Livres du Mouvement sont :
1o *Le Livre d'Entrée et de Sortie de la Marchandise,*
2o *Le Livre particulier de la Caisse,*
3o *Le Carnet d'Echéances.*

1° LIVRE D'ENTRÉE ET DE SORTIE DES MARCHANDISES.

3. OBJET.

Le Livre d'Entrée et de Sortie de la marchandise, dressé sur Débit et Crédit, comporte un compte séparé de chaque espèce de marchandises, que l'on considère.

L'ensemble des comptes balancés du livre d'Entrée et de Sortie de la Marchandise, se rapporte parfaitement au compte général des Marchandises du Journal, ce qui en constitue le contrôle rigoureux.

4. ÉCRITURES.

SUBSTANCE.

Entré. — Nous avons acheté, le 4 Janvier 1861, à Sévin Charles de Mende, 6 Barriques de vin de Saint-Georges, SC, n°s de 33 à 38, de 225 litres l'une, à fr. 500 la Barrique, ensemble fr. 3000; Et 10 pièces de vin de Médoc, SV, n°s de 44 à 53, de 209 litres chacune, en somme fr. 4000, — à 30 jours de date.

Sortie. — Nous avons vendu, —

1o Du vin de Saint-Georges :

Le 6 Février 1861, à Domart François de Picquigny, 4 barriques n°s de 33 à 36, à fr. 500 l'une, au comptant;

Le 15 Février 1861, à Patinot Jacques de Laon, 1 barrique, n° 37, pour fr. 600, à 10 jours ;

Le 20 Février 1861, à Jantin Pierre de Lille, 1 barrique, n° 38, pour fr. 650, au comptant.

2o Du vin de Médoc :

Le 12 Février 1861, à Marquant Florentin de Pierrepont, 3 pièces, n°s de 44 à 46, à fr. 410 la pièce, à 15 jours de délai ;

Le 25 Mars 1861, à Conin Florimond de La Chapelle, 5 pièces n°s de 47 à 51, pour fr. 495 au comptant.

Remarque. — Chaque expédition s'écrit séparément et nécessite de la place pour le dépouillement des parties.

Les ventes comme les achats se portent à mesure qu'elles se font.

5. MODÈLE.

--- *Le 4 Janvier 1861.* ---

De Sévin (Charles), de Mende,

Achat,	
1° De 6 barriques de vin de Saint-Georges, SC, n°s de 33 à 38, de 225 litres chacune, à fr. 500 la barique, ensemble fr.	3 000
2° De 10 pièces de vin de Médoc, SV, n°s de 44 à 53, de 200 litres l'une, à fr. 400 la pièce, ensemble fr.	4 000
Total fr.	7 000

A 30 jours de délai.

Sur Vente,

1° Du vin de Saint-Georges,

1861, Février							
	6	Domart (François), de Picquigny,	4	SC, n°s de 33 à 36, à fr. 550 la barrique, eus. fr.	2 200	au comptant.
»	15	Patinot (Jacques), de Laon. . .	1	SC, n° 37, pour fr.	600	à 10 jours.
»	20	Jantin (Pierre-Constant), de Lille,	6	SC, n° 38, pour fr.	650	au comptant.
			6	B. total de la Vente fr.	3 450	
				Bénéfice fr.	450	
					3 000	

2° Du vin de Médoc,

1861, Février	12	Marquant (Flor.) de Pierrepont	3	SV, nᵒˢ de 33 à 36, à fr. 550 la pièce, ens. fr.	4 230	à 15 jours.
Mars	25	Cousin (Florimond) de La Chapelle	5	SV, nᵒˢ de 47 à 51; à fr. 405 chacune, ens. fr.	2 025	au comptant.
			8	P. Vente faite de fr.	3 255	
				Bénéfice sur les 8 pièces.	55	
			2	SV, nᵒˢ 52 et 53, à fr. 400 chacune, ens. fr.	3 200	
					800	
			10		4 000	

6. Nota. — Quand la marque et les nᵒˢ ne sont plus les mêmes à la vente qu'à l'achat, s'il a plu de les changer, il faut en faire mention au compte d'achat par une observation particulière.

Si la marchandise a été transformée, il convient d'établir la situation qui lui est faite comme provenance sur les données de l'achat.

2° LIVRE PARTICULIER DE LA CAISSE.

7. OBJET.

Le Livre particulier de la Caisse est la substance complète du

Compte Général de Caisse du Journal, mais il en diffère en ce qu'il se tient généralement sur deux pages en regard, l'une du Débit et l'autre du Crédit, et qu'il contient un plus grand détail.

Dès lors il se contrôle nécessairement avec le Compte Général de Caisse du Journal.

8. ECRITURES.

SUBSTANCE.

(Voir au Journal le Compte Général de Caisse.)

9. MODÈLE.

Débit.

1861, Janv.	4	Duchatel (P.), de Colmar, à-compte fr.	4 000
»	»	Brame (Emmᵉˡ), de Paris, remise de fr.	9 000
»	»		»
»	»		»
»	»		»
			13 000
1861, Janv.	5	En caisse fr.	6 040

Crédit.

1861, Janv.	2	Achats p. le Bureau et le Magasin, fr.	500
»	3	A Bontemps (Fl.), de Rennes, acq. de fr.	1 500
»	»	A Fortin (Paul), d'Avignon, prêt de fr.	3 000
»	»	A Richard, de Stuttgard, achat de fr.	1 960
		Balance fr.	6 040
			13 000

10. Il se balance, outre à l'arrêté, tous les jours, toutes les semaines et tous les mois. selon qu'on le juge utile pour les besoins de la maison, en raison de l'importance ou de la multiplicité des faits.

maison, comme au Journal, seulement les Effets sont détaillés au Carnet dans leurs caractères déterminatifs et en un seul exposé.

Il se contrôle dès lors avec le Compte des Effets du Journal qui en résume toute la substance et tous les caractères.

3° CARNET D'ÉCHÉANCES.

11. OBJET.

Le Carnet d'Echéances contient le compte des Effets de la

ÉCRITURES.

12. SUBSTANCE.

(Données prises au Compte des Effets du Journal.)

13. MODÈLE.

Désignation de l'Effet.	Souscripteur	Celui à l'ordre de qui il est créé.	Endosseurs.	Domicile.	Date de l'Effet.	Echéance de l'Effet.	Epoque de son entrée.	De qui il provient.	Epoque de la sortie.	A qui il est remis.	DÉBIT.	CRÉDIT.
Billet.	Dessaintfussien (Louis), de Vannes.	N/ Ord/.		Vannes.	4 Janv. /61.	3 Avril /61.	4 Janv. /61.	Dessaintfussien.			15 000	
id.	Marcellin (J.), de Paris.	Colomb (P.), de Cette.	Colomb	Paris.	5 Janv. /61.	27 Avril /61.	5 Janv. /61.	Colomb.			6 000	
Billet.	Verdeau (Jean-Bap.), de Paris.	N/ Ord/.	N/. M/.	Paris.	15 Déc. /60.	20 Juin /61.	15 Déc. /60.	Verdeau.	10 Janv. /61.	Breton (J.), de Caen.	10 000	10 000
Traite	Gosselin (C.), de Paris.	Pointin (A.), de Clermont.	Pointin	Paris.	2 Janv. /61.	15 Mai /61.	18 Janv. /61.	Pointin.			3 000	

14. Il se balance à l'arrêté comme les Comptes Généraux, mais on ne reproduit à nouveau que ceux qui restent en évidence au Débit et au Crédit, laissant de côté ceux qui ont paru tout à la fois au Débit et au Crédit par entrée et sortie.

II. — LES LIVRES DE LA RÉGULARISATION DES SITUATIONS.

15. Ces Livres sont ceux des Comptes qui concernent les Intérêts, d'une part ;
Et le Livre des Inventaires, d'autre part.

1° LIVRES DES COMPTES QUE CONCERNENT LES INTÉRÊTS.

16. Des Livres des Comptes que concernent les Intérêts sont :
Le Livre des Intérêts par Comptes,
Et le Livre des Comptes courants d'Intérêts.
Ces deux livres n'ont qu'un même objet, celui de compléter les Comptes du Grand-Livre des intérêts que comportent les articles de ces comptes : nous établissons le premier pour suppléer au second.
D'ailleurs, les Comptes dont il s'agit se considèrent de deux manières au point de vue de les former, en reportant les intérêts des articles à l'époque même de l'arrêté des Comptes, ou à une époque fixée plus tard.
Dans le 1er cas, comme certains articles sont susceptibles de jouir d'intérêts au-delà de l'échéance donnée, il y a nécessité de soumettre l'Actif et le Passif des nombres qui produisent intérêts sur Débit et Crédit, ou de se servir des nombres rouges, afin d'obtenir la compensation indispensable à cet égard.
Les nombres rouges constituent les nombres portant intérêts au-delà du terme de l'arrêté, qu'il faut dès lors retrancher de la masse dont ils font partie.
Dans le 2e cas, on ne rencontre pas la même difficulté, mais comme les nombres alors obtenus sont chargés de la différence de l'échéance donnée à l'arrêté du Compte, cela revient ensuite à en faire la diminution sur l'ensemble.
Par ce dernier moyen, les Comptes d'intérêts se peuvent préparer plus facilement à l'avance, article par article, mais on opère sur des nombres plus grands et on est obligé de balancer les capitaux, besogne toujours plus importante.
Nous allons exposer ces diverses méthodes sur le même compte pour en rendre l'application plus sensible, et nous prenons à cet effet celui de Bontemps Firmin de Rennes, l'un des plus complets de nos opérations au Grand-Livre.

1ment. — LIVRE DES INTÉRÊTS PAR COMPTES.

17. Il s'agit ici de déterminer les intérêts acquis sur un compte donné au Grand-Livre.
1° En rapportant les intérêts à l'arrêté.

18. **MODÈLE.**

DOIT Bontemps (Firmin), de Rennes, Intérêts par compte, au 31 Janvier 1861, **AVOIR.**

DATE.	Capital.	Echéance.	Jours d'in- térêts.	NOMBRES.		DATE.	Capital.	Echéance.	Jours d'in- térêts.	NOMBRES.	
				DÉBIT.	CRÉDIT.					DÉBIT.	CRÉDIT.
/61, Janv. 3	1 500	31	28	42 »	»	/61, Janv. 1er	1 500 »	31	30	45 »	»
— 12	800	15 Avril	74	»	59, 2	— 11	1 932,67	31	20	38,65	»
— »	1 900	7 Mars	35	»	66, 5	— 20	400 »	24 Janv.	7	2, 8	»
— 20	1 500	31	11	16, 5	»		Balanc.			»	86,45
	Report de l'Avoir. . . .			»	86,45					86,45	86,45
	Balance.			153,65	»						
				212,15	212,15		Intérêts au Crédit $\frac{153,65}{6} = 25,61$,				

19. EXPLICATIONS (Voir les calculs).

Par Bontemps, au 31 Janvier,
Du Doit sont acquis les intérêts, —
De fr. 1500, du 3 Janvier au 31 ou 31 — 3 = 28 jours,
Ce qui fait de nombres 1,5 × 28 = 42.
Et de fr. 1500, du 20 Janvier au 31 ou 31 — 20 = 11 jours,
Ce qui fait de nombres 1,5 × 11 = 16,5
C'est ce qui compose le Débit des nombres du Doit.
Mais il lui revient :
sur les fr. 800, qu'il ne doit payer qu'au 15 Avril, du 31 Janvier au 15 Avril, 28 jours de Février, plus 31 de Mars, plus 15 d'Avril, ensemble 74 jours,
Ce qui fait 0,8 × 74 = 59,2.
Et sur les fr. 1900, qu'il ne doit payer aussi qu'au 7 Mars, du 31 Janvier au 7 Mars, 28 jours de Février, plus 7 jours de Mars, en somme 35 jours,
Ce qui fait 1,9 × 35 = 66,5.
C'est pour le Crédit des nombres du Doit.
De l'Avoir lui reviennent les intérêts,
Du fr. 1500, du 1er Janvier au 31, de 31 — 1 ou 30 jours,
Ce qui fait des nombres 1,5 × 30 = 45.

Des fr. 1932,65 du 11 Janvier au 31, de 31 — 11 ou 20 jours,
Ce qui fait 1,93267 × 20 = 38,65.
Et des fr. 400, du 24 Janvier au 31, de 31 — 24 = 7 jours.
Ce qui fait 0,4 × 7 = 2,8.
86,45 telle est ainsi l'importance du Crédit des nombres de l'Avoir.
Mais alors on lui doit, d'une part, 42 + 16,5 = 58,5 ; quand il lui revient du Doit 59,2 + 66,5 et de l'Avoir 86,45, qui par suite augmente le Crédit du Doit, en somme 212,15, d'autre part ; et la différence ainsi établie de 212,15 — 58,5 devenue par balance 153,65, exprime le nombre des intérêts qui lui sont acquis.

D'ailleurs, d'après les calculs des intérêts par comptes, les nombres des intérêts s'obtiennent par la multiplication des Capitaux sur 3 chiffres retranchés par la virgule, avec les jours d'intérêts, pour diviser ensuite par 6, puisque l'usage est de considérer dans cette circonstance l'année de 360 jours.

C'est ainsi que $\frac{153,65}{6} = 25,61$, exprime les intérêts dus à Bontemps Firmin de Rennes.

20. *Remarque.* — Les comptes du Grand-Livre doivent être accompagnés des comptes des intérêts, quand on en remet la copie aux particuliers.

2° *En rapportant les intérêts au-delà du terme de l'arrêté, par exemple, à la plus longue échéance comprise dans les articles des comptes, soit ici au 15 avril.*

21. MODÈLE.

DOIT BONTEMPS (Firmin), de Rennes les Intérêts par compte au 31 Janvier 1861, **AVOIR**.

DATE.	CAPITAL	ECHÉANCE.	Jours d'intérêts.	NOMBRE.	DATE.	CAPITAL	ECHÉANCE.	Jours d'intérêts.	NOMBRE.
1861, Janv. 3	1500	15 Avril 1861.	102	153	1861, Janv. 1	1500 »	Au 15 Avril 1861.	104	156 »
— 12	800	Au jour.	»	»	— 11	1832,67		94	161,69
— »	1900	Du 7 Mars au 15 Avril.	39	74, 1	— 20	400 »	Du 24 Janvier au 15 Avril. 1861.	81	32,40
— 20	1500	Au 15 Avril.	85	127,50	Balance des capitaux.	1867,33	Du 31 Janvier au 15 Avril.	74	138,18
	5700	Balance des nombres.		153,65		5700 »			»
				508,25					508,25

Intérêts au Crédit $\frac{153,65}{6}$ = 25,61.

22. EXPLICATIONS.

En portant les intérêts au 15 Avril, lorsqu'ils doivent s'arrêter au 31 Janvier, on compte en trop pour le tout, Février de 28, Mars de 31 et Avril de 15, ensemble 74 jours d'intérêts sur la balance des Capitaux, qui se trouve être ici au Crédit, d'où résulte une balance de 153,65 nombres, qui complète le Doit, et qui dès lors conduit à fr. 25,61 d'intérêts en faveur de Bontemps Firmin.

23. OBSERVATION.

C'est ainsi que furent obtenus les intérêts par compte du Grand-Livre, —

AU DÉBIT,

De Duchatel Pierre de Colmar fr.	74,40
De Brame Emmanuel de Paris fr.	189,10
De Fortin Paul d'Avignon fr.	14, »
De Sévin Charles de Mende fr.	73,52
De Desaintfussien Louis de Vannes fr. . .	41,65
De Lefort Constantin de Breteuil fr. . . .	22,50
Ensemble fr. . . .	415,13

AU CRÉDIT,

De Bontemps Firmin de Rennes fr. . . .	25,61
De Frémont Constant de Neuilly fr. . . .	14,30
De Champfleury Alp. de Fontainebleau fr. .	0,94
A reporter. . . .	40,85	415,13

Reports. . . .	40,85	415,13
De Pointin Albéric de Clermont fr.	92,05	
		132,90
Balance fr.		282,23
S. E. fr		415,13

D'où sont acquis d'intérêts à la Maison fr. 282,23.

2ᵐᵉⁿᵗ LIVRE DES COMPTES COURANTS D'INTÉRÊTS.

24. On en distingue de deux sortes :

Celui qui s'emploie dans le Commerce,

Et celui qui se tient dans les administrations, comme quand il s'agit, pour se fixer, les idées, des Caisses d'épargne établies en France.

LIVRE DES COMPTES COURANTS POUR LE COMMERCE.

25. OBJET.

Ce livre comporte les Comptes du Grand-Livre avec les intérêts.

Les intérêts s'y rapportent à une époque fixée au-delà de l'arrêté, comme il vient d'être fait, ou au terme même de l'arrêté au moyen des nombres rouges, système que nous allons employer comme procédé différent pour arriver au même résultat.

26. MODÈLE.

DOIT BONTEMPS (Firmin), de Rennes son Compte courant et d'Intérêts, au 31 Janvier 1861, **AVOIR**.

DATES.	DÉSIGNATIONS.	Capital.	Échéance.	Nombre de jours d'intérêts.	Nombres.	DATES.	DÉSIGNATIONS.	Capital.	Échéance.	Nombre de jours d'intérêts.	Nombres.
/61 Janv. 3	Espèces p. acquit de de sa Créance, de fr. .	1500	31	28	42	/61 Janv. 1	D'après Inventaire, fr.	1500 »	31	30	45
» 12	Vente de 2 Pièces d'Armagnac, de fr. . .	800	15 Avril.	74	59,*2	» 11	Remise du Billet de Crampon, de fr. .	1932,67	31	20	38,65
» »	Et de 10 C. de savon, Esc. déduit, de fr. . .	1900	7 Mars.	35	66,*5	» 20	Notre Traite sur lui, O/ Fournier, de fr. .	400 »	24 Janv.	7	2, 8
» 20	Remise de 3 Billets de banque, de fr. . .	1500	31	11	16, 5		Nombres rouges. . .	»		125, 7
		»	Balance des nombres.		153,65		Int. en sa faveur, fr.	25,61			»
		»			»		Débit à nouveau. . .	1841,72			
		5700			212,15			5700			212,15

27. EXPLICATIONS.

Les quantités 59,2 et 66.5 avec des *, qui expriment les nombres des intérêts acquis en dehors de l'échéance de l'arrêté, dépendants alors du Crédit, s'ajoutent en leur somme 126,7 au Crédit : ce sont les nombres rouges, appelés ainsi parce qu'ils s'écrivent généralement à encre rouge pour ne point être confondus avec les nombres ordinaires, dont ils ne font point partie par nature.

Après cela s'obtient la balance des nombres, qui est ici de 153,65 au débit, d'où les intérêts sont $\frac{153.65}{6} = 25,61$ en faveur du Crédit.

Ensuite se détermine la balance du compte à nouveau de fr. 1841,72 comme aux comptes ordinaires.

Dans la copie envoyée du compte, s'énonce ordinairement le nom de la Maison qui le produit à la suite de la date de l'arrêté, précédé de *chez*, de cette manière :

Doit Bontemps Firmin de Rennes, à compte courant et d'intérêts, au 31 Janvier 1861, chez Beaucompté et Cⁱᵉ de Paris. Avoir.

LIVRE DES COMPTES D'INTÉRÊTS DES CAISSES D'ÉPARGNE.

28. OBJET

Les comptes portés sur le Livre sont des comptes courants d'intérêts à la semaine, à 3 p. 0/0, en général, qui ne produisent intérêts que 7 jours après le dépôt fait, pour s'arrêter aussi 7 jours avant le remboursement, les fractions de semaines en dehors.

Les intérêts des sommes déposées se comptent jusqu'à la fin de l'année ; quand on se fait rembourser, déduction se fait de la différence.

29. SUBSTANCE.

On a déposé à la caisse d'épargne fr. 300, le 9 Mars 1861 et fr. 200, le 20 Juin suivant, si l'on a retiré fr. 240, le 16 Novembre de la même année, quel fut le solde à obtenir le 28 de Décembre qui vient après ?

30. MODÈLE.

DATES.	OPÉRATIONS.	SOMMES.	ÉPOQUE DES INTÉRÊTS.	DURÉE DES INTÉRÊTS.	INTÉRÊTS
1861, Mars . . . 9.	Dépôt.	300	1861, Mars . . . 16.	41 semaines.	7,09
Juin . . . 29.	Id.	200	Juillet . . 6.	25 id.	2,88
	Capital.	500		Intérêts fin décembre.	9,97
Novembre 16.	Remboursement.	240	Novembre. 9.	7 semaines.	0,97
	Reste.	260		Reste.	9 »
	Intérêts.	9			
Décembre 28.	Solde.	269			

Ainsi le déposant a reçu pour solde fr. 269.

31. EXPLICATION.

L'année est ²ⁱᶜᵉ 52 semaines ; donc on obtient d'intérêts par semaine pour fr. 100, la 52ᵉ partie de fr. 3, ou $3 : 52 = \frac{3}{52}$ de 0,05769 ; alors pour fr. 300 par semaine on aura 3 fois 0,05769, ou $0,05769 \times 3 = 0,17307$, et pour 41 semaines 44 fois 0,17307, ou $0,17307 \times 41 = 7,09....$
Et ainsi des autres.

2° LIVRE DES INVENTAIRES.

32. OBJET.

Le Livre des Inventaires exigible au terme de la loi comme le Journal, doit être visé et paraphé une fois par année.

Les Inventaires qu'il comporte sont l'exposé de la situation de la Maison dans ses comptes de commerce aux diverses époques qui se suivent.

C'est une question de moralité au point de vue de la loi dans la gestion des affaires.

Or, de l'Inventaire se déduit, d'une part, la mise en comptes généraux de commerce du Capital de la Maison.

Et sur les comptes-généraux de commerce s'établit, d'autre part, l'Inventaire à l'arrêté de ceux-là.

Nous allons donc considérer successivement :
D'abord, un premier Inventaire ;
Puis, la mise en comptes généraux qui s'en produit ;
Ensuite, un arrêté de comptes généraux après une série d'opérations,
Et enfin, l'Inventaire qui se dresse à la suite.

4ᵐᵉⁿᵗ Inventaire dressé pour servir de base aux Écritures des Livres de Comptabilité présentés ici.

52. MODÈLE.

INVENTAIRE GÉNÉRAL

Des Marchandises en magasin, comme des Propriétés et du Matériel, des Fonds en caisse, des Effets en portefeuille, et des Dettes actives et passives de Beaucompté et Cⁱᵉ, de Paris, dressé le 31 décembre 1860.

ACTIF.

1° Marchandises et Propriétés.
D'abord, *Marchandises.*
32 caisses de savon, CH, nᵒˢ de 1 à 32, de 120 kil. chacune, ensemble 3840 kil. à fr. 150 les 0/0 kil., en totalité, fr. 5760
40 tonnes d'huile d'olive, TR, nᵒˢ de 41 à 80, de 90 kil. l'une, en somme 3600 kil. à fr. 225 les 0/0 kil., au total fr. 8100

. ({ — au lieu du détail —   78900)

50 pièces d'Armagnac, de qualité supérieure, MO, nᵒˢ de 13 à

A reporter. . . . 92760

13

Report. . . . 92760

32 et B nᵒˢ de 61 à 90, de 215 litres l'une, à fr. 375 la pièce, ensemble fr. 18750

20 pièces de vin du Rhin vieux, AK, nᵒˢ de 12 à 36, de 300 litres chacune, à fr. 420 la pièce, en somme, fr 8400

1 baril de Genièvre de Hollande, E. nᵒ 7, de 25 lit., de fr. . 90
                                                    120000
Puis Propriétés et Matériel estimés fr. 40000
                                                    ———— 430000

2° ESPÈCES.

Billets de Banque, — 48 de fr. 1000 ensemble fr 48000

     — 13 de fr. 500, en somme fr 6500

Sacs, — 10 de fr. 2000, au total, fr. 20000

     — 7 de fr. 1500, en totalité fr. 10500

Rouleaux, — 40 de fr. 100, ensem. fr. 4000

     — 20 de fr. 50, en som. fr. 1000
                                                    60000

3° EFFETS A RECEVOIR.

Billet de Verdeau Jean de Colmar, à notre ordre, du 15 décembre 1860, au 20 Juin 1861, de fr 10000

Billet de Quémin Victor de Rennes, à notre ordre, du 1ᵉʳ novembre 1860, au 15 Janvier prochain, à notre domicile de fr 5000
                                                    15000

4° DÉBITEURS.

Duchatel Pierre de Colmar fr . . . 6000

Carton Alphonse de Neufchatel fr. 5400

Dupuis Joseph de Laon fr 3600
                                                    15000

Total de l'Actif fr. 220000

PASSIF.

1° EFFETS A PAYER.

Notre billet à l'ordre de Renaud Jean-Baptiste de Vervins, du 30 décembre 1860, à fin Janvier 1861, de fr . . 8000

Mandat de Lafontaine François de Brignolles, à l'ordre de Florestan Alfred de Vervins, sur nous, du 19 novembre 1860, au 15 Janvier 1861, de fr. . 3000

Traite de Guillemard Séraphin de Guise, s, n, acceptée, à l'ordre de Blanchard Emile de Reims, du 25 décembre 1860, au 18 Janvier 1861, de fr. . 2000
                                                    13000

2° CRÉANCIERS.

Cardon Jacques de Nantes, fr. . . 3000

Bontemps Firmin de Rennes, fr. . 1500

Favart Emile de Poix. fr. 2000

Richbourg Stanislas de Vron, fr. . 500
                                                    7000

Total du Passif fr. 20000

Capital net fr . . . 200000

Certifié sincère et véritable, le présent Inventaire, clos et arrêté,

A Paris, le 31 Décembre 1860.

BEAUCOMTÉ ET Cⁱᵉ.

2ᵐᵉⁿᵗ Mise en comptes généraux du Capital d'après Inventaire.

34. C'est ici l'inventaire dressé le 31 Décembre que nous soumettons à l'application.

Les Marchandises en magasins avec les Propriétés, qui s'élèvent à fr. 130,000, et les Espèces en Caisse, qui sont de fr. 60,000, comme recueillies du Capital, se portent au Débit des Comptes qu'elles concernent, les fr. 130,000, au Débit des Marchandises, et les fr. 60,000, au Débit de la Caisse.

Le Compte des Effets et le Compte du Crédit tiennent aussi du Capital, mais de deux manières inversement agissantes :

L'un pour les Effets à recevoir de fr. 15000, et l'autre pour les Dettes actives dues à la Maison aussi de fr. 15000, sont tous les deux nécessairement acquis au Débit des Effets, d'une part, et de l'autre, du compte Divers.

Mais ces deux derniers comptes se trouvent aussi chargés, le compte des Effets, des Effets à payer, de fr. 13000, sur le Capital, et le Compte du Crédit, des Dettes qu'a contractées la Maison sur le Capital, de fr. 7000, ils sont donc grevés de ces dépenses à satisfaire pour le Capital, et par suite donc ont ils ces sommes à prélever sur le Capital : c'est en conséquence au Crédit qu'il convient de les considérer. Ainsi les fr. 13000, dont il s'agit à l'occasion des Effets à payer, seront portés au Crédit des Effets et les fr. 7000, que doit la Maison au dehors, au Crédit de Divers.

Le Compte de Profits et Pertes n'ayant d'action que comme Compte régulateur, ne jouit d'aucune considération à cet égard.

3ᵐᵉⁿᵗ. Arrêté des Comptes généraux après une série d'opérations, pour en obtenir l'Inventaire.

35. Les résultats de l'arrêté des Comptes généraux fait à la date du 31 Janvier 1861, que nous développons.

Comme dans la suite des opérations commerciales se trouvent paraître et disparaître tour-à-tour les Eléments de la Comptabilité par l'aller et retour de l'Entrée et de la Sortie, les Comptes généraux, établis sur Débit et Crédit pour exprimer les fluctuations diverses que subissent à cet effet les données, constituent alors un assemblage composé tout à la fois tant de quantités mises en instance qui attendent résolution, que de quantités qui s'annihilent entre elles dans les actes de compensation qui se produisent inversement des unes aux autres.

Toutefois, au moment de l'arrêté des Comptes, toutes les situations se régularisent et se complètent.

Donc, dans ces conditions, les résultats des différentes acceptions des Comptes sont exacts.

Ainsi, la Balance de Clôture du Débit au Crédit est l'expression de la valeur réelle de chacun des Comptes.

Or, l'Inventaire d'une Maison est l'exposé à nouveau de l'importance acquise au Capital.

Dès lors, les éléments effectifs qui attendent résolution sont les seuls qui se puissent considérer à cet égard.

D'ailleurs, il y a compensation parfaite du Débit au Crédit des Comptes dans les données qui s'annihilent entre Entrée et Sortie.

Puis, en augmentant ou diminuant deux nombres distincts d'une même quantité les résultats sont constants.

Donc les résultats des Comptes et ceux de l'Inventaire sont équivalents.

36. Cependant, que deviennent individuellement les résultats des Comptes comparés aux Chiffres de l'Inventaire ?

1° Le Compte de Marchandises offre au Débit fr. 185845, et au Crédit fr. 44465, sa valeur effective, motivée sur l'inventaire spécial de la Marchandise, devient donc de fr. 185845, — fr. 44465 = fr. 141380, à reporter à nouveau.

2° Le Compte de Caisse est de fr. 124150, 56 au Débit et de fr. 85180,56 au Crédit, son importance à transmettre, sur le dénombrement des Espèces en Caisse, s'il convient de l'utiliser, sera donc dans l'occurrence, de fr. 124150, 56 — fr. 85180, 56 = fr. 38970.

3° Le Compte des Effets présente fr. 52620, au Débit et fr. 52477, 68 au Crédit, ce qui réalise fr. 52620, — fr. 52477, 68 = fr. 142.32.

Et il nous reste pour fr. 14520, d'Effets à recevoir en portefeuille, et pour fr. 14377, 68 d'Effets à payer, donc le résultat différentiel de fr. 14520, — fr. 14377, 68 = fr. 142, 32, identique au 1ᵉʳ, constate la parfaite exactitude des Ecritures.

Comme les Effets à recevoir et les Effets à payer sont à conserver distincts en Comptabilité, ce n'est que de la dernière acception seule qu'il convient de s'occuper ici, acception qui d'ailleurs se trouve littéralement similaire à la première, déduction faite des Effets annihilés par Entrée et Sortie, qu'elle comporte par surcroît en ses termes, et devenue sur surcharge embarrassante à cette occasion.

4° Le Compte des Particuliers expose au Débit fr. 120882, 42 et au Crédit fr. 86402,01 dont la différence est de fr. 120862,42 — fr. 86402,01 = fr. 34460,41.

D'ailleurs, les Comptes du Grand Livre se balancent par fr. 52407,69 à l'actif et par fr. 17647,28 au Passif, dont l'importance se réalise en l'expression dès lors fr. 52407,69 — fr. 17647.28 = fr. 34460,41, identité de la 4° action qui se rencontre encore ici, sauf les valeurs annihilées par compensation au Débit et au Crédit de celle-là, devenu aussi inutiles à cet égard, — situation après cela dont il résulte toujours comme aux Effets la marque évidente de la régularité des faits transcrits.

Mais à l'exemple des Effets aussi, les créances résultantes sont ou acquises ou dues, ce n'est donc, de même qu'à l'égard de ceux-là, que de la dernière acception qu'il nous faut tenir compte au sujet du Crédit.

5° Quant au Compte de Profits et Pertes, on conçoit que la différence du Crédit au Débit qui s'obtient pour marquer le Bénéfice réalisé dans la période du temps considéré, au point de vue du caractère de régularisation qui est acquis à ce compte, se trouve s'annuler d'elle même en présence des Comptes de Commerce complétés, où partant alors il n'est plus rien à ajouter ou à retrancher, mais qu'elle conserve toute son influence sur le Capital constant, qu'elle augmente, pour obtenir le Capital réel, et qu'elle exprime ainsi par suite avec le premier Capital le contrôle du Capital nouveau.

Dès lors les fr. 21388,09 de Crédit et les fr. 6435.36 de Débit qui s'en retirent, conduisent au Profit de fr. 21388,09 — fr. 6435,36 = fr. 14952.73; d'où se détermine le Capital actuel, du Capital primitif de fr., de fr. 200,000, = les fr. 14752.73, de Bénéfice dont il s'agit, — fr. 214952,73, que constate l'Inventaire dressé sur les résultats qui nous sont soumis à cet égard.

4ment. Inventaire

dressé pour servir de base aux Écritures des Livres de Comptabilité sur arrêté des Comptes généraux.

37. MODÈLE.

INVENTAIRE GÉNÉRAL.

Des Marchandises en magasin, comme des Propriétés et du Matériel, des Fonds en caisse, des Effets en portefeuille, et des dettes actives et passives de Beaucomté et Cie de Paris, dressé le 31 Janvier 1862.

ACTIF.

MARCHANDISES ET PROPRIÉTÉS

D'abord *Marchandises.*		
21 caisses de savon, CH, nos de 12 à 32, de 120 kil. la caisse, ensemble 2520 kil. à fr. 200, les '0/0 kil. au total fr.	5040	
. (|— au lieu du détail — 124890)		
2 barils de Madère, W, nos de 16 à 108 de 35 litres le baril, évaluées les deux fr.	250	
1 pièce de Champagne avariée, restée chez Desaintfussien Louis de Vannes, et laissée pour compte, RZ, n° 5 de 215 litres, de fr	200	
10 pièces de vin de Champagne remises au Nantais, NT, nos de 35 à 44, de 420 litres chacune de la valeur de fr	4000	
	134380	
Ensuite, *Propriétés et Matériel* estimés fr.	7000	
		141380

2° ESPÈCES.

Billets de Banque, 25, à fr. 1000, ensemble fr	25000	
A reporter	25000	141380

Reports.	25000	141380
Sacs, 5, à fr. 2000, ensemble fr.	10000	
Rouleaux, 6, à fr. 500, au total f.	3000	
Appoint de fr	970	
		38970

3° EFFETS A RECEVOIR.

Billet de Desaintfussien Louis de Vannes, à notre ordre, du 5 Janvier 1861, au 3 Avril prochain, de fr	1500	
Billet de Martinet Armand de Melun, à notre ordre, du 18 Janvier 1861, au 15 Février prochain, de fr	2000	
Traite de Pointin Albéric de Clermont, sur Gosselin Clément de Paris, du 2 Janvier 1861, au 15 Mai prochain, de fr	3000	
Mandat sur Quémin Victor de Rennes, à notre ordre du 26 Janvier 1861, au 25 Avril prochain, de fr	4620	
Mandat sur la poste, du 26 Janvier 1861, remis par Favart Emile de Poix, à notre profit de fr	400	
		11520

4° DÉBITEURS

Bontemps Firmin de Rennes, f.	1841 72	
Brame Emmanuel de Paris, fr.	44670 62	
Frémont Constant de Neuilly, f.	2435 70	
Fortin Paul d'Avignon, fr	3014 »	
Pointin Albéric de Clermont, f.	14565 »	
	52107 69	
Total de l'Actif fr.		243977 69

PASSIF.

1° EFFETS A PAYER

Traite de Junien Alfred de Liomer sur nous du 16 Janvier 1861, au 16 Mai prochain, de fr	9577 68	
Traite de Lefort Constantin de Breteuil sur nous à l'ordre de Bachimont Bertrand d'Aurillac, acceptée, du 20 Janvier 1861, au 20 Avril prochain de fr	1800 »	
		11377 68

2° CRÉANCIERS

Duchatel Pierre de Colmar, fr.	5768 97	
Champfleury Alphonse de Fontainebleau, fr.	0 94	
Sévin Charles de Mende, fr.	6826 48	
Lefort Constantin de Breteuil, fr	1777 50	
Desaintfussien Louis de Vannes, fr	3273 39	
	17647 28	
Total du Passif fr.		29024 96
Capital net fr.		214952 73

Certifié sincère et véritable, le présent Inventaire clos et arrêté,

A Paris, le 31 Janvier 1861.

BEAUCOMTÉ ET Cie.

III. — LES LIVRES ACCESSOIRES.

38. PARMI LES LIVRES ACCESSOIRES SE COMPTENT LE COPIE DE LETTRES ET LE RÉPERTOIRE.

1° COPIE DE LETTRES.

39. Le Copie de Lettres comporte la correspondance littérale des Affaires.

Ce livre est aussi exigé par la loi, mais il n'est pas nécessaire qu'il soit visé ni paraphé.

Le Copie de Lettres doit être tenu avec soin, si l'on veut qu'il offre des garanties auprès des Tribunaux.

La correspondance du négociant doit être claire et précise.

Il convient d'accuser réception des Lettres qu'on reçoit, et il est utile de confirmer celles qui n'ont point encore reçu de réponse.

40. EXPOSÉ DE LA TRANSCRIPTION DE LA LETTRE DE COMMERCE.

———— *Le 15 Janvier 1861.* ————

PARIS   Martineau Bernard.

Monsieur,

(*Vient ici la teneur de la Lettre.*)

40. Il est à propos de conserver scrupuleusement toutes les Lettres qu'on reçoit, et de les mettre en liasse, individu par individu et date par date, après un certain temps qu'elles sont en possession.

La Loi le recommande expressément.

Pour obtenir corrélation entre la Lettre adressée et la Lettre répondue, on écrit sur la Lettre acquise : Reçu le . . . . et répondu le . . . .

41. On doit conserver avec non moins d'exactitude que les Lettres toutes les pièces de comptabilité de la Maison, de manière à les retrouver facilement au besoin.

Quand les affaires sont importantes, on forme des dossiers de tous les documents qui les concernent.

2° RÉPERTOIRES.

42. Les Répertoires comprennent une nomenclature divisionnaire établie sur les Éléments principaux d'autres Livres, pour faciliter les recherches.

Il est besoin d'un Répertoire au Grand Livre, qui indique où se trouvent les noms des particuliers.

Le Livre d'Entrée et de sortie des Marchandises nécessite aussi un Répertoire des différentes marchandises qu'on possède.

Le Copie de Lettres ne saurait également s'en dispenser.

43. Au nom de chaque personne ou de chaque chose sont portés les f°s du Livre qui les concernent ; de plus à tout article inscrit se mentionnent les f°s immédiats des éléments de même nature qui le précèdent et qui le suivent, afin d'établir un développement sans solution de continuité entre, les données de la substance dont il s'agit, et de pouvoir les suivre ainsi de l'une à l'autre sur les Livres sans désemparer.

Quand il se rencontre beaucoup d'individus ou d'objets distincts à reporter, le Répertoire se découpe sur le côté feuille par feuille pour laisser en relief un espace de chacune d'elles, où se place l'ensemble des Lettres de l'Alphabet une à une, qui deviennent de la sorte les initiales indicatives des noms à inscrire ou à chercher.

44. MODÈLE.

RÉPERTOIRE DU GRAND-LIVRE.

A	
B	Bontemps (Firmin), de Rennes, f° 86.
	Frame (Emmanuel), de Paris, f° 87.
	Bernaut (Jérôme), d'Aubusson, f° 89.
C	Carton (Alfonse), de Neufchâtel, f° 85.
	Cardon (Jacques), de Nantes, f° 86.
	Champfleury (Alponse), de Fontainebleau, f° 88.
D	Duchatel (Pierre), de Colmar, f° 85.
	Dupuis (Joseph), de Laon, f° 85.
E	Desaintpussien (Louis), de Vannes, f° 90.
F	Favart (Émile), de Poix, f°
	Frémont (Constant), de Neuilly, f° 86.
	Fortin (Paul), d'Avignon, f° 88.
	Fournier (Louis), de Lyon, f° 91.
G	
H	
I	
J	
K	
L	Leduc (Germain), de Paris, f° 90.
	Lefort (Constantin), de Breteuil, f° 91.
	Le Nantais, f° 91.
M	Martinet (Armand), de Melun, f° 89.
N	
O	
P	Pointin (Albéric), de Clermont, f° 90.
Q	
R	Richbourg (Stanislas), de Vron, f° 78.
S	Sévin (Charles), de Mende, f° 86.
T	
U	
V	
W	Welmar (Florentin), de Strasbourg, f° 88.
X	
Y	
Z	

TABLE DES MATIÈRES.

VIII. LIVRES AUXILIAIRES.

ERRATA

Les incorrections de cet ouvrage, qui ont passé inaperçues, sont trop peu importantes pour donner lieu à un *errata*.

AMIENS. — IMP. ET LITH. DE T. JEUNET, IMPASSE DES CORDELIERS, 9.

www.ingramcontent.com/pod-product-compliance
Lightning Source LLC
Chambersburg PA
CBHW071459200326
41519CB00019B/5800